세상 친절한 수학자 수업

세상 친절한 수학자 수업

배티(배상면) 지음

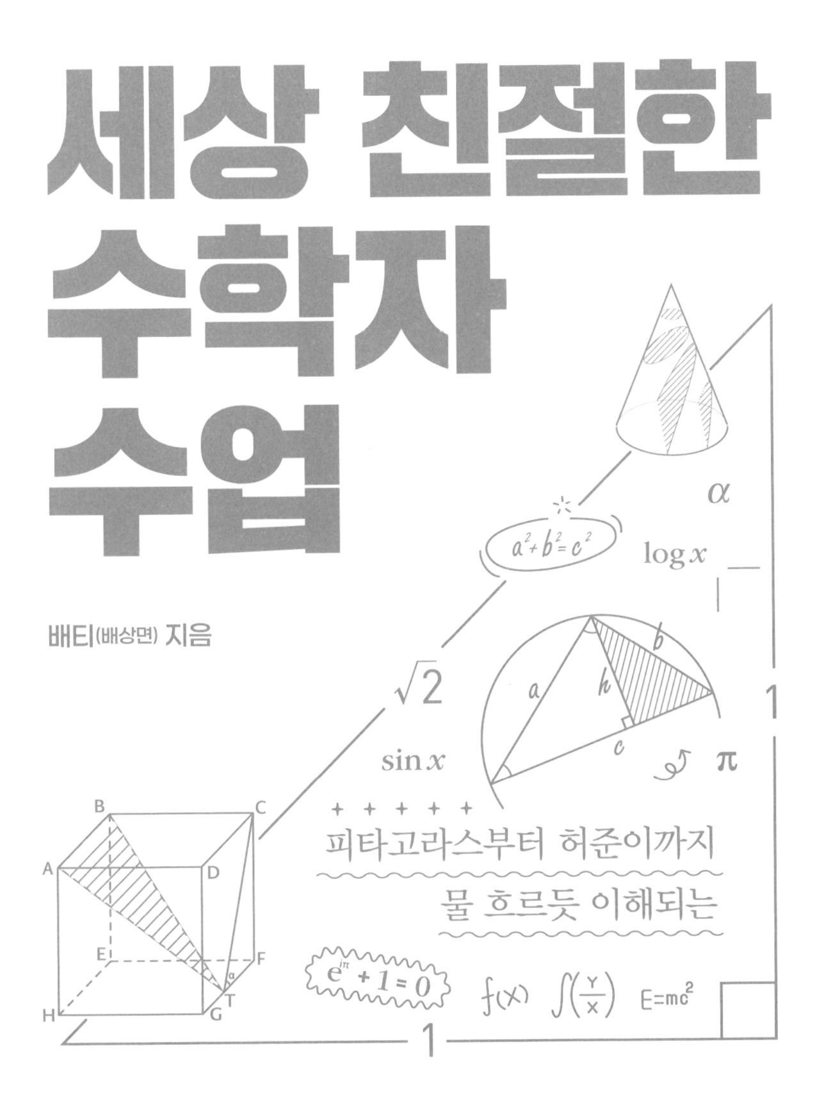

피타고라스부터 허준이까지
물 흐르듯 이해되는

미래의창

프롤로그

나는 수학을 좋아한다는 이유로 수학과에 진학하게 되었다. 입학 전에 상상했던 교수님들의 모습은 스타일리시하게 칠판에 수학을 기술하는 광고의 한 장면 같은 것이었다. 하지만, 지금 남아있는 기억은 혼자 칠판에 '다다다닥…' 수업을 하시다가, 우리를 휙 돌아보시며 눈을 부릅뜨시면, 우리는 교수님 눈을 피해 옆 친구랑 아이컨택을 하며 웃었던 장면들이다. 아마 이런 의사 표현이었을 것이다.

교수님 : 자네들 이해 가지?

우리들 : 너도 모르겠지?

수학과 학부생에게도 수학은 어렵고 불친절하다. 대중에게 수학은 더 그러하다. 다정한 과학자는 종종 떠오르는데, 다정한 수학자는커녕, 대중에게 알려진 수학자가 많지도 않다.

시간이 흘러 나는 친절해야만 하는 수학 선생님이 되었고, "왜 미적분을 공부해야 하나요?"라는 질문에 친절하게 답하기 위해 수학사를 공부하던 차에 수학자들의 매력에 빠지게 되어, 이에 대한 칼럼을 쓰고, 유튜브 채널 〈매스프레소〉에 수학자의 다큐멘터리 영상을 올리다가 어느덧 수학 작가의 길을 걷게 되었다.

수학자들을 연구하며 느낀 것은 그들이 불친절한 게 아니라, 기계적 문제 풀이를 강요하는 수학 교육과 현대 수학의 난해한 용어들이 불친절할 뿐, 수학자의 본모습은 인간적이면서 때로는 허술한, 한마디로 좀 특이한 보통 사람일 뿐이었다. 그들이 대중 앞에 선다면 친절하게 수학을 설명하긴 어렵겠지만, 수학을 좋아하는 소년의 눈빛으로 대중에게 수학의 많은 것들을 담아주려고 했을 것이다.

《세상 친절한 수학자 수업》은 수학자와 대중들의 거리를 좁히기 위해 썼다. 이 책의 주인공은 26명의 레전드 수학자들이다. 누구는 무無에서 태어나 새로움을 채웠고, 누구는 채우기 위해 무無로 돌아갔다. 누구는 침대 위에서, 누구는 어둠 속에서 진리를 찾았다. "수학의 본질은 자유"라는 칸토어의 명언처럼 이들은 각기 다른 방식으로 문제를 해결했다.

비록 평탄하지 않았지만, 수학자들의 삶은 현대를 살아가는 우리에게 지혜와 울림을 줄 것이다.

2025년 3월 북한강에서

배티

차례

※ 이 책의 일부는 역사적 사실과 정황을 반영해
대화체로 구성하였음을 밝혀둡니다.

피타고라스

수학자의 탈을 쓴 교주?

100년 후, 광속 우주여행이 보편화되고 외계인을 위해 지구별 정류장의 표지판을 만든다면 사하라사막에 대왕 직각삼각형을 그리면 될 것이다.

"아하~ 피타고라스 정리!! 여기에 지구별 인간들이 살고 있겠군!"

외계인들도 직각삼각형을 보면 떠올릴 것 같은 공식! 이번 수업의 주인공은 지구에서 가장 유명한 수학 공식의 이름, 피타고라스다.

피타고라스 학파, 피타고리안

피타고라스는 기원전 580년경, 에게해의 사모스섬에서 보석 장인의 아들로 태어난다. 어린 시절 피타고라스는 점성술사에게 맡겨졌다. 덕분에 자연철학에 빠지게 되었으며, 만물에 대한 호기심은 배움에 대한 열망으로 발전한다.

어느덧 청년이 되어 유학길에 오른 피타고라스는 50살 연상으로 추정되는 최초의 철학자 탈레스와 그의 제자인 아낙시만드로스에게 철학을 배웠을 거라 추정되며 이집트와 인도를 거쳐 이탈리아 남부의 항구도시 크로톤에 정착하여 피타고라스학파, 즉 피타고리안Pythagorean을 조직하고 육성시킨다.

한편 당시의 그리스 철학자들은 아르케arche 즉, 우주를 조립하는 레고블록을 찾고 있었는데, 탈레스는 물, 아낙시만드로스는 무한 물질(아페이론), 헤라클레이토스는 불, 데모크리토스는 원자라는 각자의 레고블록을 찾아냈다.

그리고 피타고리안은 이 레고블록을 '수number'라고 말한다. 한마디로 "만물의 근원은 수"라는 주장이었다.

그들에게 1은 모든 수의 근원이자 이성理性의 상징이었고 2는 여성, 3은 남성, 5는 결혼, 6은 창조를 의미했다. 또한 완전수와 부족수, 과잉수 등을 연구했으며 수에 특별한 의미를 부여했다.

완전수는 진약수의 합이 자기 자신이 되는 수로 $6=1+2+3$, $28=1+2+4+7+14$ 등이 있다. 진약수의 합이 자신보다 작으면 부족수, 진약수의 합이 자신보다 크면 과잉수라고 하는데 8은

$1+2+4<8$이므로 대표적인 부족수, 12는 $1+2+3+4+6>12$이므로 대표적인 과잉수다. 호사가들의 다소 무리한 해석에 따르면 천지창조는 완전수인 6일 동안에 이루어졌으며, 노아의 방주에는 부족하게도 8명이 탑승하였고, 예수님에게는 12명의 과잉 제자가 있었다는 것이다.

또한 그들은 수를 도형으로 인식했다. 대표적인 게 삼각수, 사각수, 오각수… 이런 것들인데, 오늘날 내신과 수능에 수열 문제로 등장하는 소재다.

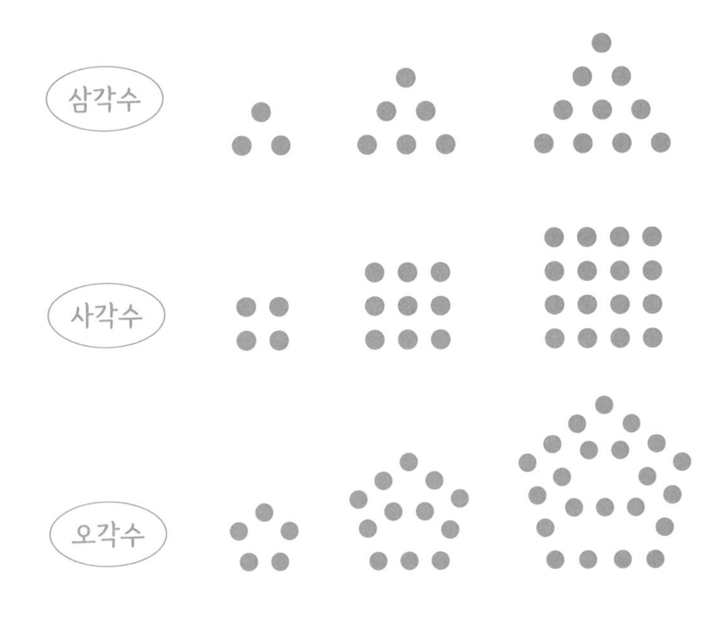

삼각수란 돌멩이를 1개, 2개, 3개…등 연속적으로 자연수를 쌓아가며 만들어지는 수로, 오늘날 제 n번째 삼각수는 1부터 n까지의 자

연수의 합 $1+2+3+\cdots+n=\frac{n(n+1)}{2}$을 의미한다. 또한 그들은 5개의 정다면체(정사면체/정육면체/정팔면체/정십이면체/정이십면체)를 우주를 구성하는 요소로 보고, “5”에 신성한 의미를 부여한다. 피타고리안은 오각형의 별 모양을 로고로 사용하기도 했다.

피타고리안이 우주의 구성 요소로 본 다섯 개의 정다면체

한편 그들에겐 음악도 기하학적 도구였다. 하프는 현의 길이들이 자연수 비를 이룰 때, 조화로운 화음으로 연주되고, 음의 높이는 현의 진동수에 비례한다는 것이었다.

유튜브를 배속으로 보면

이렇게 근엄한 소리가, 이렇게 방정맞게 들린다.

이는 음파의 진동수가 두 배가 될 때마다 음이 한 옥타브 올라가기 때문인데, 2500년 전에 ‘주기함수’의 개념을 알고 있었다는 게 놀랍다.

가장 유명한 공식

$$a^2 + b^2 = c^2$$

피타고라스 정리는 '수학'하면 떠오르는 지구에서 가장 유명한 공식이다. 덕분에 수학자의 인지도에서 피타고라스는 오늘날에도 최상위 순위를 유지하고 있다. 그런데 사실 피타고라스 정리를 최초로 발견한 사람은 피타고라스가 아니다.

기원전 3000~2000년 전, 이집트의 밧줄 장인 '하페도놉타harpedo-nopta'들은 3:4:5 단위로 밧줄의 매듭을 만들어 피라미드를 건설했다. 이는 피타고라스 정리를 공학적으로 활용한 것이었다. 또한 기원전 1800년경으로 추정되는 바빌론의 점토판 'YBC 7289'와 '플림턴 322'에는 세 변의 길이의 비가 $1:1:\sqrt{2}$인 직각이등변삼각형과 '피타고라스 수' 즉, 직각삼각형의 세 변을 이루는 자연수의 삼총사가 나오는데, (3, 4, 5), (5, 12, 13) 뿐만 아니라 (3367, 3456, 4825)와 같이 매머드급 삼총사도 등장한다.

이 정도면 피타고라스 정리는 우연한 발견이 아닌 수학적 통찰! 놀랍게도 이집트와 바빌론 사람들은 피타고라스가 태어나기 수천 년 전에 피타고라스 정리를 알고 있었다는 것이다. 그런데 '이집트의 정리', '바빌론의 정리'가 아닌 '피타고라스 정리'로 불리게 된 이유는 무엇일까? 이는 측량의 레시피에 불과했던 경험적 추론을 피타고리안이 연역적인 방법으로 증명하여 정리Theorem로 승격시키고,

세상에 널리 퍼트렸기 때문이다. 또한 이 정리는 사람들의 호기심과 자존심을 자극했다.

“너 피타고라스 정리 증명할 줄 알아?”

이에 승부욕이 발동한 지식인들은 무려 400개가 넘는 증명법을 만들어냈다. 이 중에는 피타고라스와 프톨레마이오스, 유클리드, 바스카라 등 고대 레전드 수학자들의 증명은 물론 중국 수학책《주비산경》의 약식 증명, 레오나르도 다빈치의 증명, 12살 소년 시절 아인슈타인의 증명, 시각 장애가 있는 어느 소녀의 증명, 미국의 20대 대통령 가필드의 증명도 있다. 2022년에는 미국의 두 고등학생이었던 존슨과 잭슨이 삼각함수와 등비급수를 이용한 와플콘 모양의 기하학적 증명에 성공하여 수학자들의 극찬을 받았으며, 이듬해 영국《가디언》이 선정한 ‘과학자들이 뽑은 10대 과학 뉴스’에 오른다.

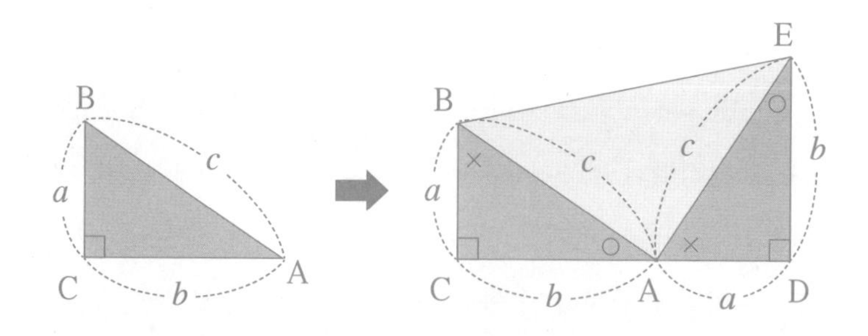

가필드의 피타고라스 정리 증명법 사다리꼴의 넓이가 세 삼각형의 넓이와 같음을 보이면 된다.

피타고라스가 쏘아 올린 작은 공식이 수학계를 넘어 문화적인 신드롬으로 퍼져나간 것이었다. 피타고라스 정리는 기하학(도형)과 대수학(수식)은 물론, 미적분까지 연결되는 한마디로 '수학 그 자체'였다.

한편 고대 그리스의 기하학은 피타고라스 정리, 즉 직각삼각형을 기반으로 엄청나게 발전했다. 간단히 말해 사각형, 오각형, 육각형 등 다각형과 원은 잘 쪼개거나 변형하면 삼각형이 된다. 삼각형이 되고, 삼각형은 직각삼각형으로 쪼갤 수 있으니, 모든 길은 로마로 통하듯, 웬만한 기하 문제는 피타고라스 정리를 거쳐야 했다.

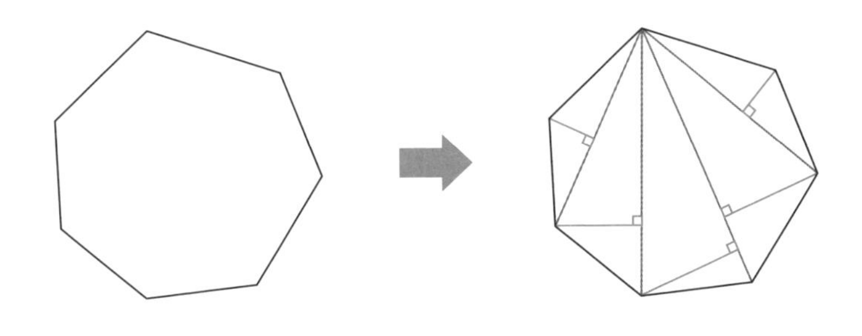

유클리드는 역대급 과학서 《원론》을 탄생시켰으며, 아르키메데스는 정96각형으로 원주율 π의 근삿값 계산에 성공하는데, 이는 정96각형을 직각삼각형으로 잘게 쪼개어 변형하는 방식이었다.

또한 두 천문학자 에라토스테네스와 아리스타코스는 각각 지구와 태양의 둘레를 계산해낸다. 이는 길이가 엄청나게 긴 줄자로 잰 것이 아니라, 종이에 직각삼각형을 그려서 계산한 소위 '방구석 상상 실험'이었으며, 후대 지구인들은 이를 삼각법으로 발전시켜 대항해

시대를 개척하게 된다. 사전 답사도 없이 목표지의 방향으로 '각 잡고' 항해하면 신대륙에 도착할 수 있었던 것! 물론 예측하지 못한 오차도 제법 있었다. 실제 지구는 완벽한 구가 아닌 타원형의 찌그러진 구였으며, 콜럼버스는 아메리카 대륙을 인도로 착각하기도 했다.

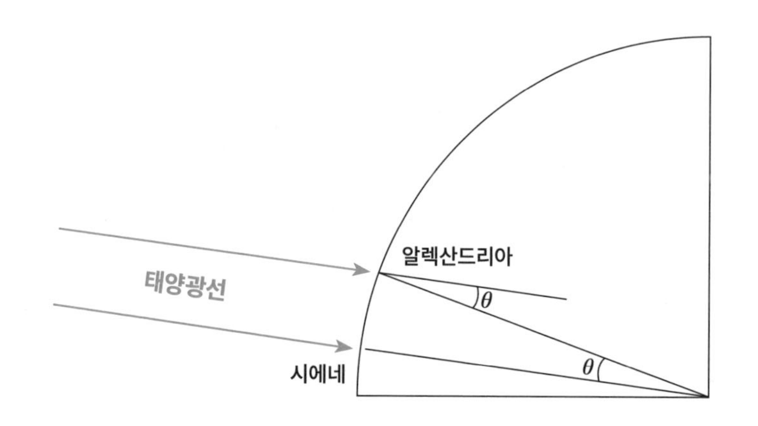

에라토스테네스의 지구 둘레 계산법 100km 떨어진 두 도시 시에네와 알렉산드리아에서 같은 시각의 태양광선이 평행선이라는 사실과 삼각비를 이용했다.

대수학에서도 피타고라스 정리는 다양하게 활용되었다. 정수론의 아버지 디오판토스는 자신의 《아리스메티카》에서 다양한 피타고라스 수를 소개한다. 약 1400년 후, 페르마라는 천재 소년은 이 책을 접하면서 수학에 빠지게 된다. 훗날 《아리스메티카》의 여백에 피타고라스 정리를 업그레이드한 다음 공식을 기술하는데, 이게 바로 페르마의 마지막 정리다.

3 이상의 자연수 n에 대하여
$a^n + b^n = c^n$을 만족하는
세 자연수 a, b, c의 쌍은 없다.

페르마는 공식과 함께 "여백이 부족하다"는 변명(?) 같은 메모를 남기며 증명을 대체했다. 덕분에 350년 동안 아마추어 수학자들은 물론, 르장드르, 오일러 등 유명한 수학자들도 증명에 뛰어들면서, 전 세계적인 어그로를 끌게 되고 실패를 거듭한 덕분(?)에 수학이 발전하게 된다. 수학은 실패에서도 많은 것을 얻는다.

한편 근대 철학의 아버지 데카르트가 만든 좌표기하학에서 지도상의 두 점 사이의 거리는 두 점을 빗변으로 하는 직각삼각형을 그리면 쉽게 구할 수 있다. 그런데 사하라사막에서 매머드급 직각삼각형을 그리면 피타고라스 정리에는 오차가 제법 발생한다. 종이에 세 변의 길이가 3cm, 4cm, 5cm인 삼각형을 그리면 직각삼각형이 되지만, 사하라사막의 모래 위에 그린 세 변의 길이가 30km, 40km, 50km인 삼각형은 직각삼각형이 아니라는 황당한 이야기다. 지구의 표면은 사실상 구면이므로 이상적인 평면에서 설계된 피타고라스 정리가 성립할 수 없는 것이었다. 덕분에 인류는 휘어진 곡면에서의 기하학을 연구했고, 이는 비유클리드 기하학의 탄생으로 이어지며, 훗날 아인슈타인의 상대성이론의 기반이 된다.

수학 교주, 피타고라스

세상에서 가장 유명한
수학 공식의 이름, 피타고라스

2500년 전에 활동했던 신비한 인물 피타고라스! 너무 옛날 사람이고, 그에 대한 기록조차 사후에 쓰인 것이라 전적으로 신뢰하긴 어렵지만, 오늘날의 관점으로 그는 수학자보다는 종교 지도자에 가까워 보인다.

피타고리안의 "세상 만물은 수"라는 주장의 의미를 들여다보자. 이는 만물을 수로 나타내었을 때, 서로 자연수의 비 즉 "몇 대 몇"을 이룬다는 것이었다. 예를 들어, 유년기 아들과 덩치 큰 아빠의 체중의 비는 2 : 7 또는 3 : 10과 같이 나타낼 수 있다는 것으로, 그들이 생각했던 수의 범주는 오늘날 양의 유리수($\frac{\text{자연수}}{\text{자연수}}$)였다. 하지만 그들은 자신의 로고 격인 직각삼각형에서 이상한 점을 발견했다. 직각이등변삼각형의 경우, 밑변과 빗변의 비가 아무리 계산해도 자연수의 비가 아니었던 것!

오늘날 우리는 이를 1 : $\sqrt{2}$로 깔끔하게 나타낼 수 있지만, 당시에는 무리수를 몰랐으므로 두 변의 비는 몇 대 몇이 될 수 없었다. 조직의 교리를 위배하는 이단 같은 정체불명의 수 $\sqrt{2}$가 발견된 것이었다. 이 장면에서 순수한 과학자의 집단이었다면, 무리수의 발견으

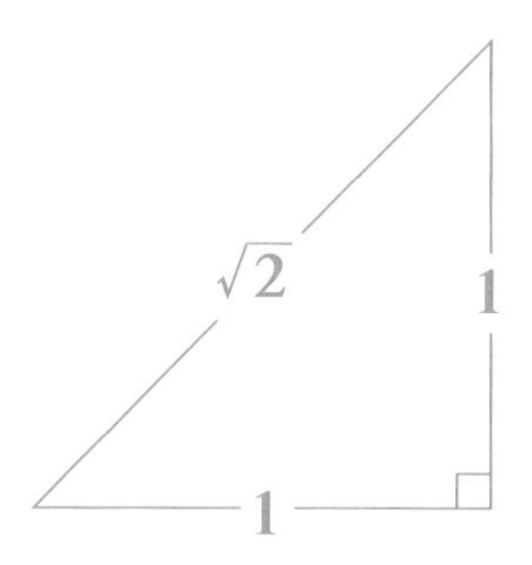

로 유레카를 외치면서 신께 황소 100마리쯤은 바쳤겠지만, 그들은 교리에 위배되는 $\sqrt{2}$를 묻어 버리기로 한다. 하지만 "임금님의 귀는 당나귀 귀"라고 외쳤던 어느 신하처럼, 히파수스라는 제자가 $\sqrt{2}$를 발설하는 사건이 발생하자 피타고리안은 $\sqrt{2}$ 대신 히파수스를 지중해에 묻어 버린다.

피타고라스는 윤회 사상을 신봉했으며 전해지는 교리를 통해 여러 동식물을 터부taboo시한 것으로 판단된다.

신성한 콩을 먹지 말 것
흰 수탉을 만지지 말 것
말 위에 앉지 말 것

피타고라스는 제자들이 피타고라스 정리를 증명하자, 이번에는 진짜 황소 100마리를 제물로 바쳤다는 일화도 전해진다. 피타고리안은 배타적인 교리로 다른 종파에 공격당해 해체되었으며 피타고라스는 이 공격으로 살해당했거나, 타지로 추방되어 80세 경에 사망한 것으로 추정된다.

그의 사후, 지중해의 아테네와 알렉산드리아에는 철학과 문화, 예술이 꽃을 피우고 플라톤, 유클리드, 아르키메데스 등 피타고라스의 정신을 계승한 학자들이 수학의 황금기를 이끈다.

유클리드 × 아르키메데스

그리스 황금기의 쌍두마차

라파엘로 산치오, 아테네 학당
1509~1511년, 바티칸, 바티칸 박물관

이 그림은 르네상스Renaissance를 상징하는 대표작, 라파엘로[1]의 〈아테네 학당〉이다. 르네상스라는 말은 **Re(다시) + Naissance(탄생) = 부활**이라는 뜻으로 문화와 지식이 꽃을 피웠던 고대 그리스 시대의 영광을 재현하고 싶다는 의미였다.

그림을 보면 중앙에 있는 두 사람 플라톤과 아리스토텔레스에 유독 눈길이 간다. 이는 당시 유행하던 사영기하학의 소실점vanishing point의 위치에 두 사람을 배치했기 때문이다. 여기에 소크라테스, 제논, 디오게네스, 에피쿠로스, 조로 아스터 등 고대 그리스 시대의 위대한 철학자들과 피타고라스, 유클리드, 히파티아 등 당대의 수학자들이 모여 캠퍼스의 자유로운 낭만을 묘사하고 있다.

"아니, 이분들이 어떻게 여기에?"

그림을 처음 접하는 사람이라면 이렇게 말할 것이다. 물론 그림이니까 가능한 일이다. 소크라테스와 히파티아는 실제로는 800살 정도 차이가 난다. 하지만 역으로 말하면, 이렇게 오랜 시간 동안 위대한 지성들이 황금기를 이끌었다는 점에 주목할 필요가 있다. 이 시기, 측량의 레시피에 불과했던 기하학은 증명을 기반으로 하는 연역법을 만나 비로소 수학이라는 학문의 위용을 갖추게 되는데, 그 중심에는 '그리스 기하학의 쌍두마차' **유클리드와 아르키메데스**가 있었다.

1 레오나르도 다빈치, 미켈란젤로와 함께 르네상스 3대 화가로 꼽히는 인물로 37세의 나이에 요절함

유클리드
BC325~BC265?, 고대 그리스

아르키메데스
BC287?~BC212?, 고대 그리스

《원론》의 저자, 유클리드

인류 역사상 가장 많이 인쇄된 책은 성경이라고 한다. 하지만, 분야를 학술서로 한정하면 가장 많이 인쇄된 책은 유클리드의 《원론》[2]이라고 한다.

《원론》의 저자 유클리드는 기원전 300년경, 당시 세계 지식의 허브였던 알렉산드리아 대도서관에서 활동했던 수학자였다. 이곳에서 유클리드는 기하학 일타강사였고, 이집트의 왕 프톨레마이오스 1세(BC367~BC283)[3] 또한 유클리드의 제자였다.

2 수학사, 과학사에서 《원론》은 대개 유클리드의 《원론》을 의미한다.

3 이집트 프톨레마이오스 왕조의 1세로 '천동설'의 과학자 프톨레마이오스와는 동명이인

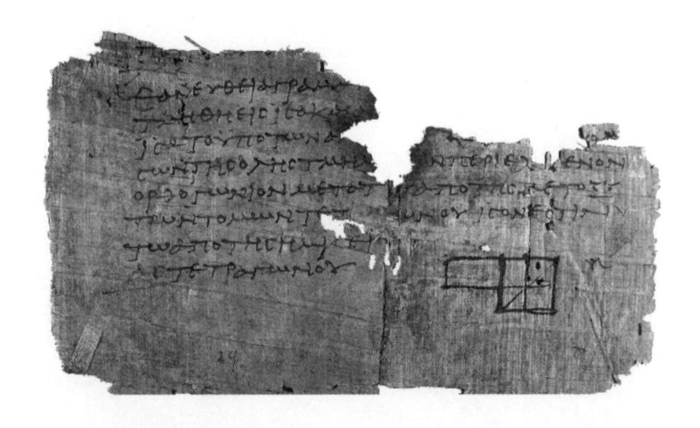

옥시링쿠스 파피루스 29번 《원론》 일부가 기록되어 있다.

어느 날 프톨레마이오스가 유클리드에게 어려운 기하학 공부를 쉽게 공부하는 방법을 알려달라고 하자 유클리드는 이렇게 답한다.

"폐하, 길에는 왕도王道[4]가 있으나, 기하학 공부에는 왕도가 없습니다."

또한 어느 제자가 이렇게 딱딱한 기하학을 배워서 무엇을 얻을 수 있냐고 질문하자. 하인을 불러 단호하게 말한다.

"저 자에게 동전 한 닢을 던져 주어라. 배운 것으로 본전을 찾으려는 자다."

4 왕의 길. 어떤 어려운 일을 하기 위한 쉬운 방법

위대한 스승 유클리드는 어느 날, 파로스 등대가 불을 밝히는 알렉산드리아 항구에서 만인이 쉽게 배울 수 있는 기하학 교과서를 만들겠다는 원대한 계획을 세운다. 이렇게 시작된 유클리드의《원론》! 종이가 없던 시절, 유클리드는 파피루스[5]에 위대한 여정을 써 내려간다.

여정의 첫 줄은 다음과 같다.

"점은 부분이 없는 것이다."

저자 소개도 없이 점의 정의를 툭 던지며 건조하게 시작하는《원론》은 최초의 체계적인 수학책으로 시대와 국경을 넘어 전 세계의 수학 교과서로 퍼져나간다. 오늘날 대한민국의 중 · 고등학교 교과서의 많은 부분도《원론》을 각색한 것이다. 기원전 300년, 한국사로는 고조선 시대였던 먼 옛날에 집필한 책이 2300년쯤 지난 오늘날에도 활용되는 게 놀랍다.

2300년의 세월 동안 좋은 책들이 많이 나왔을 텐데, 이 책이 장수할 수 있었던 비결은 무엇일까? 역사가들은 이 책의 특별한 서술 방식에 주목한다.

《원론》은 23개의 정의definition와 10개의 공리axiom로 465개의 이론을 기술하고 있는데, 우선 정의는 등장인물을 소개하는 것과 같다.

5 종이 대신 사용되었던 식물로 오늘날 페이퍼paper의 어원

기하학이라는 제국을 건설하려면 등장인물은 점, 선, 면 등 도형을 이루는 요소다. 이 책의 핵심은 공리인데, 이는 누구나 "당연하지!"라고 받아들이는 명제다. 예를 들어, 등식의 양변에 같은 수를 더해도 등식은 성립한다는 것이다.

$$A = B \Rightarrow A + C = B + C$$

이 공리를 확장하면 등식의 양변에 같은 연산을 해도 등식은 성립한다.

예를 들어 x의 일차방정식 $ax + b = 0(a \neq 0)$을 풀어보자.

등식의 양변에 $-b$를 더하면 $ax = -b$, 양변에 $\frac{1}{a}$을 곱하면 $x = -\frac{b}{a}$가 된다. 학교에서 가르치는 방식, 즉 기계적으로 "이항하고 나누어라"는 명령을 맹목적으로 따르지 않아도 된다. 유클리드의 공리만 믿으면 자연스럽게 x를 찾을 수 있는 것이었다.

《원론》은 이와 같이 10개의 공리를 사용하여 기하학 전체를 증명을 통한 연역법으로 서술하고 있는데, 책을 접한 독자들은 '달랑 10개의 검으로 로마제국을 평정하는 것' 같은 짜릿함을 느꼈을 것이다. 덕분에 《원론》은 지식인들의 입소문을 타고 전 세계로 퍼져나갔으며, 뉴턴과 러셀, 아인슈타인은 어린 시절, 집안 어른 또는 지인에게 《원론》을 추천받아 공부하면서 수학에 빠져들게 되었다.

이후 오늘날까지 약 2300년 동안, 《원론》은 수학 교과서이자 과학자들의 성경으로 오랜 시간 사랑받게 된다. 유클리드는 《원론》 이외에도 《광학》, 《도형의 분할》 등을 저술하며 그리스 시대의 가장 위대한 이과계 저자로 남아있지만, 정작 본인에 대한 기록은 남기지 않았고, 알렉산드리아 도서관에서 제자들과 오랜 시간을 보낸 것으로 추정되며, 이후의 삶은 알려지지 않았다.

인생은 짧고 수학은 길다.

최초의 기계공학자, 아르키메데스

유클리드보다 약 50년쯤 후인 기원전 287년경, 지중해의 시라쿠사에서 아르키메데스는 천문학자의 아들로 태어난다. 그의 생애에 대한 기록은 많지 않지만, 고대 그리스 시대의 가장 압도적인 수학자, 과학자로 평가되며 약 2천 년 후 갈릴레이, 뉴턴 등 내로라하는 근대 과학자들이 등장하기 전까지 아르키메데스를 압도할 만한 수학자, 과학자는 나타나지 않았다.

수학에서 아르키메데스의 성과는 오늘날의 관점으로도 대단한 것이었다. 그리스 시대 이전에 만들어진 구약성경의 열왕기에는 지름이 10 규빗, 둘레가 30 규빗인 둥근 연못이 등장한다. 당시만 해도 원의 둘레가 지름의 세 배라고 생각했던 모양이다. 하지만 아르키메데스는 둘레가 지름의 세 배가 조금 넘는다는 것을 직감하고 있었다. 이는 원의 지름과 같은 길이의 끈으로 둘레를 재어만 봐도 자명한 것이었다. 그는 원주율[6](오늘날의 π)을 계산하는 기발한 방법을 생각해낸다.

내접 다각형의 둘레 < 원의 둘레 < 외접 다각형의 둘레

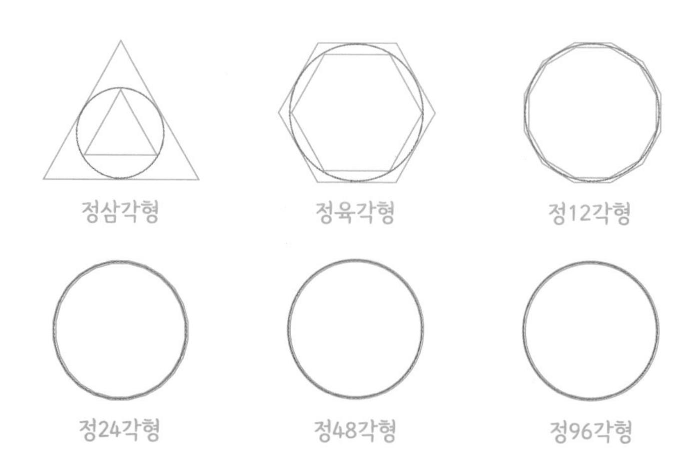

아르키메데스는 그림과 같이 정삼각형으로부터 출발하여 변의 개수를 두 배씩 늘려 나가며 정육각형, 정12각형, 정24각형, 정48각형을 거쳐 마침내 정96각형에 이르게 되는데, 육안으로 봐도 정48각형부터는 거의 원으로 보인다. 정96각형쯤 되면, 다음 부등식의 좌변과 우변의 차이는 미미하다.

6 지름의 길이가 1인 원의 둘레 또는 $\frac{\text{원의 둘레}}{\text{원의 지름}}$

내접 정96각형의 둘레 < 원의 둘레 < 외접 정96각형의 둘레

이를 계산해 보면 ***3.1408 < 원주율 < 3.1429***

놀랍게도 오늘날 학교에서 배우는 원주율의 근삿값 3.14는 물론, 실제 원주율 $\pi = 3.141592\cdots$과도 큰 오차가 없다. 심지어 아르키메데스는 원주율이 분수 꼴로 표현되지 않는 무리수라는 것도 알고 있었을 것으로 추정된다. 아르키메데스의 아이디어는 무한소 기하학, 미분의 태동을 의미했다.

또한 아르키메데스는 반지름의 길이가 r인 원을 작은 부채꼴로 계속 쪼개어 붙이면, 밑변의 길이는 $3.14 \times r$, 높이가 r인 직사각형으로 변형되는 것을 보인다. 이를 이용하면 오늘날의 원 넓이 공식 $\pi r^2 ≒ 3.14r^2$이 만들어진다.

이와 같이 도형을 잘게 쪼개어 부피를 구하는 방법을 구분구적법이라 하는데, 이는 정적분의 기본 원리가 된다. 기하학은 물론 도형을 자유자재로 쪼개고 합치는 미적분의 발상자(?)였던 아르키메데

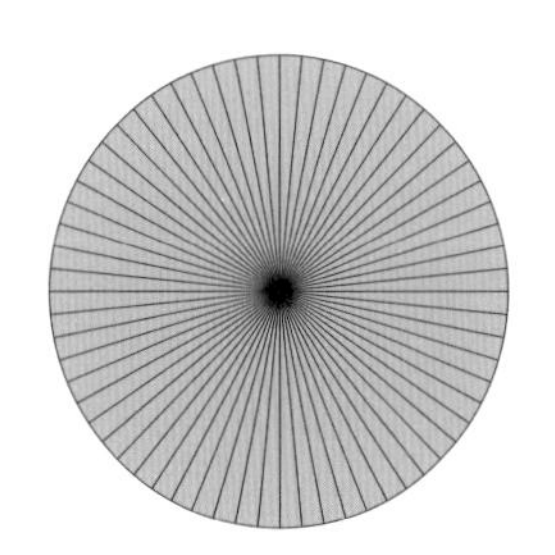

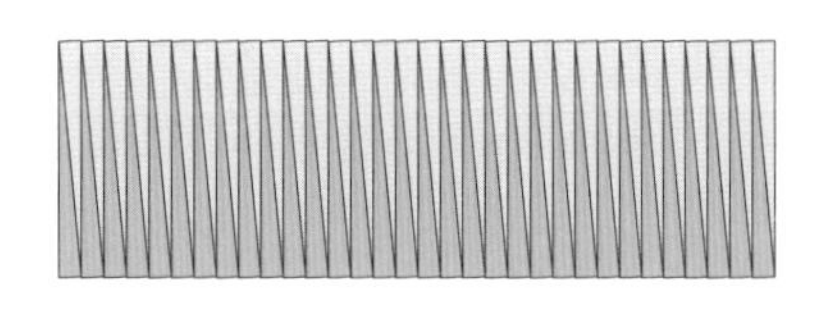

아르키메데스가 원의 넓이를 구한 아이디어, 구분구적법

스는 입체도형의 부피쯤은 쉽게 구할 수 있었으며, 밑면의 지름과 높이가 같은 원기둥과 이에 내접하는 구, 원뿔 부피의 비는 3:2:1이 되는 것을 밝혀낸다.

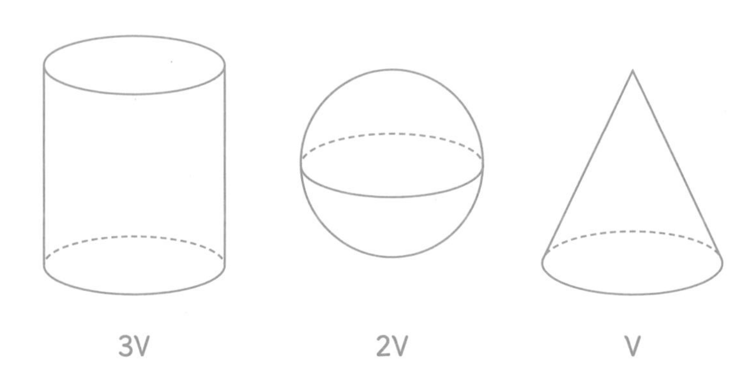

과학에서 아르키메데스의 성과는 더 유명하다. 조국 시라쿠사의 왕 히에로 2세는 제작된 왕관이 순금인지 아닌지를 조사하라는 명을 내린다. 고심하던 아르키메데스는 목욕탕에서 욕조에 들어갔다가 물이 넘쳐흐르는 것을 보고, 물체의 부피와 무게의 관계를 알게 되었다. 그 순간 "유레카euraka!"를 외치며 발가벗은 채 뛰쳐나갔다는 전설 같은 일화의 주인공이 된다.

그가 깨우친 것은 체중이 같은 두 사람 중 근육질 체형이 지방질 체형보다 덩치가 작아 보이듯, 금은 구리보다 밀도가 높아 같은 무게라면 순금 왕관보다 구리를 합성한 왕관이 부피가 클 수밖에 없다는 것이었다. 실험을 해보니 제작된 왕관이 순금 왕관보다 물이 많이 넘쳤다! 아르키메데스가 '부력의 원리[7]'를 터득함과 동시에 순금 왕관이 아님을 밝혀낸 것이었다.

또한 아르키메데스는 최초의 기계공학자로 불린다. 도르래의 원리를 이용해 나선 양수기를 만드는 것은 기본이었다. 천재의 자신감은 허세 넘치는 위트로 드러난다.

"나에게 충분히 긴 지렛대를 주면 지구를 들어 보이겠다!"

이는 지렛대의 원리를 발견한 업적에 대한 자화자찬으로, 요즘으로 비유하면 충분히 긴 손톱깎이를 주면 웬만한 나무나 빌딩 한 채 정도는 가뿐히 깎을 수 있다는 뜻이다. 손톱깎이도 지렛대의 원리로 작동한다.

● ● ●

어느덧 70대의 노학자가 된 아르키메데스에게 조국을 위해 실력을 발휘할 기회가 온다. 기원전 212년경, 당시 지중해의 두 강대국이었던 로마와 카르타고의 포에니 전쟁이 벌어지는데, 약소국이었던 그의 조국 시라쿠사는 카르타고를 지지하는 바람에 로마의 공격을 받게 된다. 하지만 곧 함락될 것이라는 예상과 달리 시라쿠사는 초기

7 물이나 공기와 같은 유체에 잠긴 물체가 중력의 반대 방향으로 받게 되는 힘

공성전에서 로마를 압도하고 있었다. 아르키메데스가 제작한 무기들이 SF영화의 한 장면처럼 위력을 뿜어내고 있었기 때문이다. 투석기는 적진을 혼비백산으로 만들었고, 오목거울로 빛을 모은 집광기는 전함을 불태우고 있었다고 한다.

당시 로마의 장군 마르켈루스는 작전 회의에서 '팔이 100개 달린 괴인' 아르키메데스를 무찌를 방법을 찾으라고 불같이 화를 냈다고 한다.

하지만 국력의 한계를 드러낸 시라쿠사는 마침내 함락당한다. 《플루타르코스 영웅전》[8]에 따르면 함락 당시, 아르키메데스는 모래 위에 기하학 문제를 풀고 있었다고 한다. 이때, 아르키메데스를 발견한 로마 병사가 장군에게 그를 호송하려 하자 "내 원을 망치지 말라!"며 거칠게 저항하다 성난 병사에게 살해당했다고 전해진다. 이후 마르켈루스는 세기의 천재의 죽음을 애도하며, 그의 묘비에 원기둥과 이에 내접하는 구를 그려주었다고 한다. 아르키메데스가 사망한 지 137년 후, 로마의 정치인이자 작가인 키케로는 원기둥과 내접하는 구가 그려진 묘비를 발견하여, 이후 아르키메데스의 묘비로 간주하고 있다.

유클리드의 저작물이 비교적 잘 보존된 것에 비해 아르키메데스의 저작물은 대부분 소실되었다. 전해지는 대표작으로는 〈모래알을 세는 사람〉, 〈부체浮體에 대하여〉, 〈수학 정리의 방법〉 등이 있다.

8 카이사르, 알렉산더, 한니발 등 고대 영웅들의 전기. 고대 그리스의 역사가 플루타르코스가 저술했다.

아르키메데스는 오늘날 뉴턴, 가우스와 함께 3대 수학자로 꼽힌다. 뉴턴이나 가우스보다 2천 년 전의 사람이 까마득한 후배들과 어깨를 나란히 한다는 것은 그의 수학적 아이디어가 현대 수학의 관점에서도 올드하지 않기 때문이다. 수레바퀴나 목마를 만든 과학자가 3대 과학자가 되긴 어려울 것이다.

노벨상에는 노벨의 얼굴이 새겨져 있는 반면, 수학의 노벨상, 필즈메달에는 제창자인 수학자 필즈의 얼굴이 아닌 아르키메데스의 얼굴이, 뒷면에는 원기둥과 구가 새겨져 있다. 아르키메데스가 필즈메달의 명예 시상자(?) 격인 셈이다. 필즈메달에는 이런 슬로건이 쓰여 있다.

"자신을 극복하고 세상을 움켜쥐어라."

히파티아

최초의 마녀사냥 희생양

기원후 400년경, 세계 문화의 중심은 이집트의 항구도시 알렉산드리아였다. 여기에는 세계 최대의 도서관이 있었고 알렉산드리아의 여성 스타강사, 히파티아의 강의를 듣기 위해 각지에서 사람들이 모여들었다.

1800년 전에 여성 스타강사?!

이번 수업은 영화 〈아고라〉의 히로인이자, 최초의 여성 수학자였던 히파티아의 이야기다.

알렉산드리아의 스타강사

이번 수업의 주인공 히파티아는 기원후 370년(?)부터 415년(?)까지 45세의 생을 살았던 것으로 추정된다. 알렉산드리아는 지중해를 제패하고 동서양의 지식과 문화의 융합을 꿈꾸었지만, 33세의 나이에 요절한 알렉산드로스(알렉산더) 대왕의 이름으로 만든 도시이다.

알렉산드리아에는 세계 7대 불가사의였던 파로스 등대가 불을 밝히고 있었고, 세계 최대의 도서관이었던 알렉산드리아 대도서관이 있었다. 여기에는 20만 권에서 70만 권으로 추정되는 책과 유클리드, 에라토스테네스, 프톨레마이오스와 같은 세계적인 석학들이 모여 있었으니, 오늘날의 구글에 비할 만한 지식의 허브였다.

히파티아의 아버지는 당시 학계의 리더이자 알렉산드리아 도서관장이었던 테온이었다. 아버지는 그녀에게 위대한 스승이자 든든한 후원자였으며, 덕분에 히파티아는 여성임에도 수학과 천문학을 공부할 수 있었고, 아테네로 유학을 떠나 플라톤, 아리스토텔레스로 대표되는 아테네 현인들의 사상을 공부하게 되었으며, 알렉산드리아에 복귀하여 신플라톤주의 철학과 수학, 천문학을 연구하고 가르치게 되었다.

히파티아의 명성은 이웃 나라에까지 퍼져 강의실은 항상 만석이 되었으며, 훗날 알렉산드리아의 정치, 종교 지도자가 되는 제자들을 육성해낸다. 지성은 물론 미모까지 겸비했던 히파티아는 많은 남성에게 대시와 청혼을 받았는데, 그때마다 이렇게 말했다고 한다.

"저는 진리와 결혼했어요!"

이러한 결혼 생활에 진심이었던 히파티아는 수학과 천문학을 메인으로 수사학, 철학, 약학 등 다양한 학문 연구와 지도에 전력을 기울인다.

히파티아의 저술의 대부분은 유클리드의 《원론》, 프톨레마이오스의 《알마게스트》, 아폴로니우스의 《원뿔곡선론》, 디오판토스의 《산술》 등 당시 베스트셀러 과학서에 대한 교육용 교재였다. 오늘날 학원가의 일타강사가 기존 지식을 재구성해 자신만의 명품 교재를 탄생시키는 것과 비슷해 보인다.

히파티아의 일생을 다룬 영화 〈아고라〉에서는 히파티아가 타원에 대해 설명하는 장면이 나온다. 이를 각색해서, 강연장의 스타강사 히파티아의 모습을 상상해보자.

이번 강연의 제목은 **원뿔곡선론**이다.

> "
> 여기 원뿔이 있습니다.
> 이 원뿔을 밑면과 평행하게 자르면 원circle이, 밑면과 비스듬히 자르면 타원ellipse이 만들어집니다. 또한 빗변과 평행하게 자르면 포물선parabola, 밑면과 수직으로 자르면 쌍곡선hyperbola이 되는 것입니다.
> "

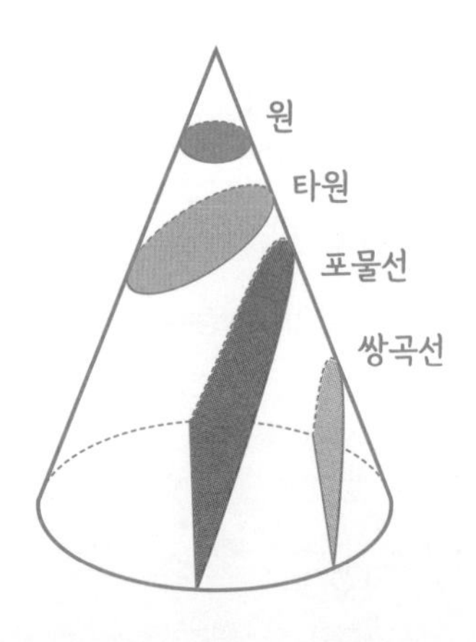

'원뿔곡선'은 오늘날 교과과정의 기하 과목에 나오는 '이차곡선'의 별칭으로 원, 포물선, 타원, 쌍곡선 네 가지를 의미한다. 원뿔곡선이라 부르는 이유는 원뿔을 자르면 만들어지기 때문인데, 고대 그리스 시대에 이를 알았다는 게 신기하다.

한편 별을 사랑했던 천문학자 히파티아는 천체의 운동 궤적을 분석하여 지구가 태양 주위를 타원 궤도로 돈다는 지동설을 제기한다. 이는 코페르니쿠스보다 약 1100년이나 앞선 시기였다. 히파티아의 명성은 널리 퍼져, 알렉산드리아는 물론 세계적인 유명 인사가 되었지만, 진리를 향한 히파티아의 열정을 가로막는 어두운 그림자가 드리우고 있었다.

마녀사냥과
암흑기의 태동

히파티아가 태어나기 전이었던 300년경, 알렉산드리아에는 유대교와 크리스트교 및 다양한 종교가 공존하고 있었다. 그러던 313년, 크리스천이었던 로마의 황제 콘스탄틴이 밀라노 칙령을 발표하면서 크리스트교는 급성장하게 되었고, 히파티아가 활동하던 391년에, 황제 테오도시우스 1세가 크리스트교를 로마의 국교로 지정하면서 권력의 힘을 얻은 크리스천들은 유대교도는 배신자로, 학자들은 이교도로 규정짓고 탄압했으며 알렉산드리아 도서관을 이교도의 소굴이라는 이유로 파괴한다. 이 사건으로 많은 책이 소실되었는데, 이는 진시황의 분서갱유焚書坑儒[9]만큼 멍청한 사건이었다. 구글을 폭파하다니!

크리스트교가 알렉산드리아를 장악하면서 알렉산드리아는 아테네학당과 같은 캠퍼스의 낭만을 잃게 된다. 이제 더 자유롭게 진리를 탐구하고 토론할 수 없게 된 것이다. 여기에 412년, 강경파 크리스천이었던 키릴로스가 대주교로 부임하면서 크리스천이 아니면 노골적으로 박해하기 시작했다. 유대교의 축제 기간에 테러를 가하고, 히파티아의 제자였던 알렉산드리아의 정치, 종교 지도자들에게 배타적 충성을 강요했다. 다른 종교인들을 탄압하라는 내용이었다.

키릴로스의 입장에서 히파티아는 단순 학자가 아니라 알렉산드리아의 정신적 지주이자, 이교도를 이끄는 인물로 판단되었을 것이다. 키릴로스가 지시했다는 심증만 있고 물증은 없지만 415년 3월 어느 날, 열혈 크리스트교 광신도들이 마차로 이동하는 히파티아를 습격한다. 그들은 히파티아를 마차에서 끌어내리고, 교회로 끌고 가 잔인하게 살해했다고 전해진다. 역사에 등장하는 최초의 마녀사냥이 자행된 것이다.

오직 진리와 결혼했던 여성 수학자 히파티아! 비뚤어진 신앙은 위대한 지성을 처참히 짓밟았다. 히파티아 사건 이후, 많은 학자들이 알렉산드리아를 떠나 뿔뿔이 흩어지게 되었으며, 그리스-헬레니즘 시대가 막을 내린 것이다. 사람보다 신이, 과학보다 종교가 우선시

9 기원전 213년경, 진시황이 사상 탄압을 위해 책과 유생을 산 채로 파묻은 사건

되는 천 년간의 중세 암흑기가 도래한다.

훗날, 키릴로스는 크리스트교의 성인으로 추대가 되고 위대한 신학자로 기록된다.

타르탈리아 × 카르다노

삼차방정식 대혈투

1535년 밀라노에서 두 수학자가 결투를 벌인다. 결투 종목은 삼차방정식이었다. 결투에서 진 사람이 손모가지를 내주는 건 아니었지만 당시의 '수학 문제 결투'는 승리하면 스타 수학자로 전국적인 명성을 얻고 패배하면 업계에서 깔끔하게 묻히는 분위기였다.

이처럼 방정식의 역사는 수학자들의 자존심 역사이기도 했다. 앞서 언급한 대로 일차방정식 $ax + b = 0$의 일반해(근의 공식)는 $x = -\frac{b}{a}$이다. 일반해란 계수 a, b의 값을 대입하면 답이 뚝딱 튀어나오는 알고리즘을 의미한다.

기원전 2천 년경 바빌론에서는 이차방정식의 풀이법이 만들어졌으며, 7세기 인도의 수학자 브라마굽타, 9세기 페르시아의 수학자 알 콰리즈미에 의해 이차방정식 $ax^2 + bx + c = 0$의 일반해 $x = \frac{-b \pm \sqrt{b^2 - 4ac}}{2a}$가 세상에 알려진다.

하지만 삼차방정식 $ax^3 + bx^2 + cx + d = 0$의 일반해는 좀처럼 나타나지 않았다. 심지어 1500년경 회계학의 개척자이자 당시 최고의 수학자였던 파치올리는 이렇게 선언한다.

"삼차방정식의 일반해는 존재하지 않는다!"

이번 수업은 삼차방정식의 근의 공식에 도전한 **니콜로 타르탈리아, 지롤라모 카르다노**의 전쟁 같은 이야기다.

삼차방정식 대혈투

첫 번째 주인공 니콜로 타르탈리아의 본명은 니콜로 폰타나다. 타르탈리아는 '말더듬이'라는 뜻을 가진 별명인데, 그에게는 슬픈 유년기가 있었다. 여섯 살이 되던 해, 프랑스 군대의 침공으로 니콜로는 아버지를 잃게 된 것이다.

니콜로 타르탈리아
1499~1557, 이탈리아

몇 년 후, 행군하는 프랑스 군을 향해 아버지에 대한 증오심이 폭발한 니콜로는 돌을 던지며 욕을 한다. 이에 화가 난 프랑스 군인들은 니콜로에게 무자비한 폭행을 가했고 니콜로는 얼굴이 찢어지는 중상을 당한다. 어머니의 극진한 간호로 다행히 생명은 건졌지만, 니콜로는 부상 후유증으로 말더듬이, 즉 타르탈리아라는 별명을 지니게 된 것이었다.

이후 타르탈리아는 어려운 가정 형편에 아버지 없이, 장애의 고통 속에 유년기를 보냈지만 이를 악물고 수학을 공부하여 실력을 인정받아 스물 후반의 나이에 베네치아의 수학 교수가 된다.

두 번째 주인공 카르다노는 유복한 집안에서 사생아로 태어났다. 그의 아버지는 레오나르도 다빈치와 절친이었으며 유력한 변호사였다. 덕분에 카르다노는 좋은 환경에서 유년기를 보낼 수 있었다. 파비아대학에서 의학을 공부했고, 젊은 의사이자 수학자로 명성을 쌓아갔다. 카르다노는 다방면에 천부적인 재능을 가지고 있었지만, 한편으로 도박 중독에 괴팍한 성격의 소유자였다.

지롤라모 카르다노
1501~1576, 이탈리아

●●●

파치올리가 "삼차방정식의 근의 공식은 존재하지 않는다"라고 선언했지만, 그럴수록 수학자들의 방정식에 대한 도전은 계속되었다.

1500년대 초, 수학자 페로는 삼차방정식 $x^3 + ax = b$의 일반해를 구하는 데 성공했으며, 1530년대 초, 타르탈리아는 삼차방정식 $x^3 + ax^2 = b$의 일반해를 구하는 데 성공하고 여기저기에 자랑질한다. 이에 승부욕이 발동한 페로의 제자 안토니오 피오르는 타르탈리아에게 삼차방정식으로 결투를 신청했으며, 1535년 밀라노 대성당에서 세기의 방정식 결투가 벌어진다. 결투 방식은 이러했다.

서로에게 방정식 30문항을 내고, 점수가 높은 사람이 승리한다.

승부 결과는 거의 30 : 0, 타르탈리아의 일방적 승리였다. 사실 타르탈리아는 결투가 성사되었을 때, 일차항이 없는 삼차방정식 $x^3 + ax^2 = b$의 일반해만 알고 있었으나 결투를 며칠 앞두고 기적처럼 진짜 삼차방정식 $\mathbf{ax^3 + bx^2 + cx + d = 0}$의 일반해를 구하는 데 성공한다. 덕분에 타르탈리아는 모든 삼차방정식 문제를 풀 수 있었고, 피오르는 스승 페로에게 전수받은 $x^3 + ax = b$ 즉, 이차항이 없는 삼차방정식만 풀 수 있었기 때문에 승부는 이미 정해져 있었다.

타르탈리아가 삼차방정식의 일반해를 구하는 데 성공했다는 소문은 빠르게 퍼져나갔고, 이는 삼차방정식의 일반해를 찾고 있던 카르다노의 귀에도 들어갔다. 카르다노는 다양한 루트로 타르탈리아를 만나려고 시도했지만, 타르탈리아는 좀처럼 만나주지 않았다. 하지만 카르다노의 집요한 설득으로 마음을 열게 된 타르탈리아는 카르다노에게 특급 호텔 VIP급 접대를 받던 중, 사나이 명예를 걸고 비밀을 지키겠다는 식의 약속을 받으며, 카르다노에게 삼차방정식의 일반해를 구하는 핵심 키를 알려준다.

● ● ●

도박과 유흥을 좋아했던 카르다노는 한편으로는 200권이 넘는 책을 저술할 만큼 열정적인 프로집필러였다. 그는 1545년에 출간한 야심작 《위대한 술법Ars magna》에서 페로와 타르탈리아가 만든 삼차방정식은 물론 자신의 애제자인 천재 수학자 페라리가 만든 사차방정식의 일반해까지 발표해버린다. 물론 본문에 타르탈리아에 대한 언급은 남겼다.

"카르다노 이놈이!!!"

이를 알게 된 타르탈리아는 분노를 참을 수 없었고 카르다노에게 격렬한 항의 서한을 보내지만, 입장이 애매했던 카르다노는 애제자 페라리에게 답장하라고 시킨다.

"존경하는 타르탈리아 선생님, 대신 저랑 수학 결투를 하시겠습니까?"

자신의 노력을 빼앗긴 타르탈리아는 피가 거꾸로 솟구쳤지만, 명예 회복과 새로운 교수직을 얻기 위해, 페라리와의 결투를 수락한다.

하지만 사차방정식까지 풀 수 있었던 페라리에게 타르탈리아는 완패를 당하고 만다. 이를 계기로 타르탈리아는 수학계에서 묻히게 되고, 비탄과 울분 속에 카르다노를 저주하며, 1557년에 세상을 떠나고 만다.

삼차방정식 원조 논쟁

오늘날 사람들은 삼차방정식의 일반해를 '카르다노의 해법'이라고 부른다. 타르탈리아 입장에서 카르다노는 사나이 약속을 지키지 않은 배신자, 아이디어를 훔친 사기꾼일 것이다.

하지만 카르다노는《위대한 술법》에서 타르탈리아에게 삼차방정식의 일반해에 관한 키만 전수받았고, 타르탈리아보다 앞서 페로 또한 삼차방정식 $ax^3 + bx^2 + cx + d = 0$의 일반해를 알고 있었다고 주장한다.

카르다노는 방정식 이외에도 수학과 다양한 분야에 많은 업적을 남겼다. '확률'하면 떠오르는 수학자는 파스칼이지만 그 이전에 카르다노가 있었다. 카르다노는 도박 공략집의 하나로《주사위 게임에 관하여The Book on Games of Chance》라는 책을 저술했는데, 이는 최초의 체계적인 확률론 책으로 평가받는다. 또한 수학에 허수 개념을 도입한 것도 카르다노였다. 의학에서는 장티푸스와 알레르기 질환을 발견했으며 탈장 수술법을 개발했고, 점성술에도 업적을 남겼다. 카르다노가 대단한 수학자이자 의사였다는 점은 부인할 수 없다. 동시에

카르다노의 화려한 명성에 부도덕성이 가려진 면도 크다.

타르탈리아의 저주였을까! 카르다노의 말년은 불행했다. 카르다노의 세 아들 중 첫째는 아내를 살해한 혐의로 처형되고, 둘째는 병으로 사망했으며, 셋째는 도박꾼이 되어 카르다노의 돈을 탕진하고 가족이 해체된다. 카르다노는 그리스도를 욕한 혐의로 체포되었고 죽는 날을 예언했으며, 예언을 증명하기 위해 그 날짜에 자살했다고 전해진다. 카르다노의 애제자 페라리는 술과 도박에 빠져 살다가 자신의 여동생에게 살해되는 비참한 최후를 겪게 된다.

사견이지만 '코시-슈바르츠 부등식', '케일리-해밀턴 정리'처럼 삼차방정식의 일반해는 타르탈리아의 본명을 따서 '폰타나-카르다노 해법'으로 부르면 어떨까 생각해본다.

데카르트

나는 생각한다, 고로 수학자다

경기도 양평의 두물머리는 북한강과 남한강의 두 물줄기가 만나는 지점이란 뜻으로 그 의미와 빼어난 경관으로 사랑받는 명소다.

르네 데카르트
1596~1650 프랑스

수학에도 두 물줄기가 있었다. 이집트에서 그리스를 거치는 기하geometry라는 물줄기와 아랍과 인도를 거치는 대수algebra라는 물줄기다. 두 물줄기는 17세기 초에 지금으로부터 약 400년 전 지중해를 넘어 유럽에서 데카르트라는 위대한 철학자이자 수학자를 만나 합쳐진다.

이번 수업은 대수학과 기하학을 통합시키고, 근대를 열어젖힌 사상가 데카르트 이야기다.

나는 생각한다, 고로 존재한다

1596년, 프랑스에서 르네 데카르트가 태어난다. 한국사에서 그가 살았던 시기는 임진왜란(1592~1598)과 병자호란(1636~1637)으로 얼룩진 시기였다. 데카르트가 태어난 이듬해 어머니가 그만 폐병으로 돌아가시고, 몸이 허약했던 데카르트는 외할머니댁에서 유년기를 보낸다.

1606년 10살의 데카르트는 예수회 학교 '라 플라슈'에 입학한다. 성적은 뛰어났으나, 몸이 허약해 침대 생활에 의존하고 지각이 잦아지며 학교생활에 적응하지 못하자, 교장 선생님은 데카르트에게 지각을 특별히 허락해주었다고 한다. 18살에는 파리의 '푸아티에대학' 법학과에 진학하여 법학과 의학은 물론 수학과 철학까지 공부했는데, 밤늦게까지 카드 게임을 하고 늦게 일어나는 방탕한 생활의 연속이었다. 20살에 법학으로 학사 학위를 취득했지만, 데카르트는 프랑스의 권위적이고 틀에 박힌 사회 시스템은 자신과 맞지 않는다고 생각했다. 방황하던 데카르트는 어느 날, 공고를 발견한다.

"네덜란드에서 군인을 모집합니다."

'세상이라는 커다란 책' 속으로 여행을 떠나는 게 꿈이었던 데카르트는 책의 첫 페이지를 네덜란드로 정하고, 네덜란드에서 용병 생활을 시작한다. 당시 유럽 최초의 자본주의 국가였던 네덜란드는 프랑스보다 훨씬 자유로운 분위기였고, 다행히 복무기간 동안 평화가 지속되는 바람에 군 생활은 데카르트에게 철학적 사고를 확장하는 시간이 되었다.

이 시기 유럽은 30년 전쟁(1618~1648)[10]의 소용돌이에 휘말리고 있었다. 데카르트는 평화로웠던 네덜란드를 떠나 가톨릭 진영의 바이에른 군대로 이적한다. 불구경만큼 재미있는 게 없는 것처럼, 전쟁을 직접 보고 싶다는 이유였다.

군인 신분으로 페르디난트 2세의 대관식을 참관하고 돌아온 저녁, 벽난로가 활활 타오르는 방에서 데카르트는 잠이 들었고, 세 편의 꿈을 꾸게 된다. 이 중에는 거센 폭풍과 천둥을 피하고 백과사전과 시선집을 접하는 자신의 모습이 있었다. 다음 날 데카르트는 꿈에 대해 온종일 생각한다. 결국 이 꿈들은 자신을 학문의 길로 인도하는 것이라 판단한 데카르트는 용병 생활을 정리하고, 25살의 나이에 5년간의 여행길에 오른다. 이번에는 수학과 철학 공부가 목적이었다.

● ● ●

진리를 찾아 나선 데카르트. 하지만 아무것도 믿을 수 없었다. 누구는 "태양이 지구를 돈다", 누구는 "지구가 태양을 돈다"하고, 만물의

10 마르틴 루터의 종교 개혁 이후 촉발된 가톨릭과 개신교의 종교 전쟁으로 최초의 국제 전쟁으로 평가된다.

근원은 물, 불, 원자, 수라고 주장하였으니! 절대적 진리를 판단하기 어려웠다. 데카르트는 진리를 찾기 위해 모든 것을 비우고 원점에서 생각하기로 하는데, 이게 바로 '방법적 회의'라는 위대한 철학의 도구였다. 당시 대세는 '피로니즘Pyrrhonism'으로 이는 "아무것도 믿지 말자"라는 극단적 회의주의였다. 같은 '회의'[11]지만, 데카르트의 방법적 회의는 피로니즘과는 달리 "일단 의심하되 무엇을 믿을 건지 찾아보자"는 것이었다.

예를 들어, 영화 〈나일 강의 죽음〉[12]을 보면, 유람선 여행이 시작되고, 유람선에서 한 명씩 의문의 죽음이 발생하면서 생존자들은 극도의 공포에 사로잡힌다. 피로니즘은 이 상황에서 "배에 탄 모든 사람은 나쁜 놈"이라고 생각을 하는 것이다. 하지만 방법적 회의는 "도대체 누굴 믿어야 하지?"라는 생각으로, 배에 탄 모든 사람 중 가족은 물론 나까지도 의심을 해보는 것이다. 그리고 이를 통해 확실히 믿을 수 있는 사람을 정하는 것이다.

데카르트는 이러한 방법적 회의를 통해 기존에 알고 있었던 것, 진리하고 생각했던 것을 모두 밀어버리고, 확실하게 믿을 수 있는 것은 무엇인지 깊게 고민하던 끝에 이렇게 말한다.

> "Cogito, ergo sum."
>
> **(나는 생각한다, 고로 존재한다.)**

11 의심을 품는 것으로 매사에 부정적인 사람을 '회의적이다'라고도 한다.
12 2022년 개봉한 영화로 원작은 애거사 크리스티의 소설 《나일 강의 죽음》

데카르트는 이렇게 모든 것을 의심하고 있는 나 자신의 존재성이 가장 확실한 진리라고 생각했다. '코기토 명제'로 불리는 이 문장은 '근대 철학의 개회사'로 평가받으며, 데카르트를 근대 철학의 아버지 자리에 올려놓았다.

데카르트는 '코기토 명제'를 첫 번째 공리로, "믿을 수 있는 것은 수학이다"를 두 번째 공리로 자신만의 지식 체계를 써 내려갔다.

침대에서 탄생한 좌표기하학

세 살 버릇이 평생 간다는 말처럼, 데카르트는 성인이 되고서도 침대 생활을 유지했다. 철학자에게 침대는 휴식과 상상의 공간이었다. 침대에 누워있던 어느 날, 파리가 천정을 기어가는 모습을 보고, 데카르트의 머릿속에 기막힌 아이디어가 스친다.

'파리의 위치를 좌표로 나타내면 어떨까?'

과학사의 압도적인 명장면! '**좌표기하학**' 또는 '**해석기하학**'이 탄생한 순간이었다. 좌표기하학은 수학에 엄청난 파장을 일으킨다.

원의 방정식

$$x^2 + y^2 = r^2$$

'원의 방정식'으로 불리는 이 멋진 표현처럼 도형은 '수식'이라는 날개를 달게 되었으며, 덕분에 그림으로만 가능했던 기하 문제를 방정식으로 풀어낼 수 있게 되었다. 이는 기하학과 대수학이라는 수학의 두 물줄기가 합쳐진 것으로, 과하게 비유하자면 데카르트의 침대가 두물머리가 된 것이었다.

또한 좌표기하학 덕분에 뉴턴과 라이프니츠는 함수의 순간적인 변화율 '미분'을 만들어낼 수 있었다. 오늘날 현대인이 즐기는 게임은 좌표평면에 유닛들의 위치를 정하고, 마우스로 움직임을 부여하는 것이며, 스마트폰도 액정이라는 좌표평면을 터치하는 점이 좌표로 인식되어 작동하는 것이다. 운전자의 필수품 내비게이션도 좌표기하학을 사용하고 있다.

데카르트의 좌표기하학이 없었다면, 현대 과학은 아무것도 작동하지 않았을 것이다. 오늘날 좌표평면은 데카르트 평면Cartesian coordinates이라고도 부르며, 좌표평면의 점 (x, y)를 데카르트 곱Cartesian product이라고 부른다.

SF소설, 기계적 우주론

데카르트의 대표적인 저서는 《세계와 빛에 대한 논고》, 《방법서설》, 《철학의 원리》 등이 있는데, 대체로 이런 내용을 담고 있다.

우선 종교를 받드는 스콜라 철학을 부정했다. 데카르트의 초상화에는 스콜라 철학을 상징하는 아리스토텔레스의 책을 밟고 있는 장면이 등장한다. 스콜라 철학은 모든 사물과 사람에게 영혼과 함께 위계질서가 있다고 생각했다. 데카르트는 물질도 사람도 기계일 뿐, 육체와 정신은 분리된 것이라는 '이원론'을 주장한다. 이는 모든 사물과 사람은 평등하다는 것이었다. 데카르트의 생각은 당시의 신분제와 종교계에 반하는 것으로 18세기 말 프랑스혁명의 사상적 도화선이 된다.

또한 데카르트의 책들은 수학과 과학을 기반으로 하는 인식론을 펼치고 있다. 대표작 《방법서설》에서는 서론으로 철학의 공부법을 총 6부로 서술하고 있으며, 부록으로 '굴절광학', '기상학', '기하학'이 있다. 세 편의 과학책을 쓰려다가 답답한 마음에 공부법 서론이 길어진 것으로도 보인다.

한편 토마스 아퀴나스(1224?~1274)[13]의 "철학은 종교의 시녀다."라는 말처럼 중세 암흑기의 과학은 종교를 떠받드는 도구로 생명줄을 유지하고 있었을 뿐이며, 종교의 관점에서 '태양이 지구 주위를 도는 것'은 율법 같은 것이었다. 이에 대해 케플러와 갈릴레이, 데카르트와 같은 근대 자연철학자들은 속으로 이렇게 말했을 것이다.

'천동설 같은 소리 하고 있네!'

하지만 당시 과학계는 '브루노의 처형' 사건의 공포에 떨고 있었

13 스콜라 철학의 대부격인 인물이며 "철학은 신학의 시녀다"라는 말로 유명하다. 아퀴나스가 최초 유포자는 아니다.

다. 이는 이탈리아의 자연 철학자 브루노가 "우주는 무한하고, 태양은 그중 하나의 항성이며 지구는 태양을 돈다"라고 말했다가 1600년에 공개적으로 화형을 당한 사건이었기 때문이다. 게다가 1632년에는 갈릴레이가《두 가지 주요 우주체계에 대한 대화Dialogue Concerning the Two Chief World Systems》라는 책을 냈다가 종교재판에 회부되어 처형당하기 일보 직전까지 가는 사건이 발생하자, 데카르트는 준비했던 야심작《세계와 빛에 대한 논고》의 출판을 보류한다.

사후에 출판된《세계와 빛에 대한 논고》에서 데카르트는 우주는 에테르와 흙, 불로 채워진 물질 공간, 즉 플레넘plenum으로 태양과 같은 별을 중심으로 물질이 소용돌이친다는 '기계적 우주론'을 제시한다.

데카르트의 기계적 우주론이 참이라면, 아폴로 우주선이 달에 갈 때도 물질 속을 헤엄치느라 어려움을 겪었을 것이다. 데카르트의 우주론은 사실상 SF소설이었다. 우주로 나갈 수 없었던 시절, "우주는 이런 게 아닐까?"라는 철학적 가설로 기존의 종교관을 벗어던지고, 후대 과학자들에게 SF소설을 풀어보라는 숙제를 내준 것이었다.

이 숙제는 반세기 후, 아이작 뉴턴이《프린키피아》를 출간하며 깔끔하게 풀어버린다.《프린키피아》는 우리말로 '자연철학의 수학적 원리'인데, 데카르트의 명저서《철학의 원리》를 네이밍에 포함하고 있다.

여왕의 열정, 거인을 잠재우다

1644년 데카르트는 《철학의 원리》가 출판된 이후, 데카르트는 유럽 최고의 지성인 반열에 오르게 된다.

이 명성은 당시 북유럽의 스웨덴의 젊은 여왕 크리스티나에게도 전해졌는데, 여왕의 삼고초려 끝에 데카르트는 자신의 과학적 포부를 지원해주기로 약속받고, 과학 고문과 크리스티나의 스승 역할을 맡으며 그 추운 나라에 가게 된다.

오늘날 스웨덴에서 가장 사랑받는 여왕 크리스티나의 학문에 대한 열정은 엄청났다. 그녀는 데카르트에게 새벽 수업을 부탁했고, 수시로 데카르트에게 정책을 자문했다. 하지만 평생 침대에서 늦잠자는 것에 익숙했던 데카르트는 강추위와 새벽부터 시작되는 과로를 견뎌내지 못하고, 폐렴에 걸려 시름시름 앓다가 세상을 떠나고 만다. 1650년 54세의 비교적 젊은 나이였다. 여왕의 열정이 과했다는 세간의 아쉬움이 있었다.

데카르트의 유해는 16년 후, 고국 프랑스로 운구된다. 데카르트가 태어난 소도시 '라에앙투렌'은 데카르트 시로 개명하여, 위대한 철학자를 기리고 있다.

아이작 뉴턴은 말년에 자신의 업적이 '거인의 어깨' 위에서 일군 것일 뿐이라는 말을 하곤 했다. 뉴턴에게 가장 큰 거인은 데카르트였을 것이다.

데카르트는 뉴턴에게뿐만 아니라, 인류에게도 **근대 철학, 좌표기하학**이라는 과학 혁명의 문을 열어준 위대한 거인이었다.

파스칼

뉴스에 최다 출연한 수학자

"이번 태풍은 초속 1,024헥토파스칼입니다."

기압의 단위 '파스칼'은 위대한 수학자 블레즈 파스칼의 이름을 딴 것이다. 파스칼은 태풍 불면 어김없이 나타나는, 아마도 뉴스에서 가장 많이 이름 불리는 수학자일 것이다.

블레즈 파스칼
1623~1662, 프랑스

또한 내로라하는 유명 지식인도 '○○○의 아버지'라는 직함 하나 가지기 어려운 데, 파스칼은 39년의 짧은 생을 살면서도 누구보다 ○○○을 많이 보유한, 소위 '자식 부자'인 지식인이었다. 이번 수업은 파스칼의 불꽃 같았던 인생 이야기다.

파리 아카데미

이번 단원의 주인공 블레즈 파스칼은 400여 년 전인 1623년에 프랑스 클레르몽페랑에서 태어난다. 이 시기 이탈리아에서 발발한 르네상스가 유럽 전역으로 퍼져나가고 있었고 갈릴레이, 데카르트, 뉴턴, 라이프니츠 등 근대 과학을 열었던 많은 거장들이 태어나거나 태어날 준비를 하고 있었다. 파스칼이 세 살 되던 해, 안타깝게도 어머니가 세상을 떠난다. 하지만 불행 중 다행! 파스칼의 아버지 에티엔 파스칼은 능력 있는 세무 공무원이었기에 하인을 고용하여 집안일을 챙길 수 있었고, 자녀들은 안정된 생활을 할 수 있었다.

그런데 파스칼이 여덟 살이 되던 해, 아버지가 갑자기 공무원을 그만두고, 가족은 파리로 이사를 하게 된다. 자신의 학문적 욕구와 자녀들의 교육을 위해, 과감한 결정을 내린 것이었다. 그럴 만도 했던 것이, 에티엔은 '파스칼의 달팽이꼴'로 유명한 아마추어 수학자였다. 에티엔은 당대 최고의 마당발이었던 메르센 신부가 설립한 최고의 학술동호회 파리 아카데미의 멤버가 되어, 종종 총명한 아들 파스칼을 데리고 이 모임에 나갔는데, 이곳에서 파스칼은 수학 좀 하는 삼촌들을 만나게 된다. 이 중에는 사영기하학의 창시자 데자르그 삼촌, 변호사 겸 아마추어 수학자 페르마 삼촌, 좌표기하학의 창시자 데카르트 삼촌도 있었다.

한편 에티엔은 아들 파스칼이 라틴어와 고전부터 완벽하게 공부하고 수학을 공부하라고 수학책을 숨겨놓았는데, 어느 날 아들의 낙서를 보게 된다.

삼각형의 세 내각의 합은 180°

파스칼이 독학으로 삼각형의 성질을 알아낸 것이었다.

자식 이기는 부모는 없으니, 아버지는 즉각 파스칼에게 과학자들의 성경《원론》을 구해주었고 파스칼의 수학 공부를 전폭적으로 지원해준다. 이에 보답하듯 파스칼은 고작 13살의 나이에 **파스칼의 삼각형**을 발견하는 천재성을 발휘했으며 드디어 파리 아카데미의 정식 멤버가 되어 메르센 신부를 사부로 모시면서, 수학 잘하는 삼촌들과 본격적으로 수학 공부를 시작한다.

$$
\begin{array}{c}
{}_{1}C_{0} \quad {}_{1}C_{1} \\
{}_{2}C_{0} \quad {}_{2}C_{1} \quad {}_{2}C_{2} \\
{}_{3}C_{0} \quad {}_{3}C_{1} \quad {}_{3}C_{2} \quad {}_{3}C_{3} \\
{}_{4}C_{0} \quad {}_{4}C_{1} \quad {}_{4}C_{2} \quad {}_{4}C_{3} \quad {}_{4}C_{4} \\
{}_{5}C_{0} \quad {}_{5}C_{1} \quad {}_{5}C_{2} \quad {}_{5}C_{3} \quad {}_{5}C_{4} \quad {}_{5}C_{5} \\
\cdots \\
{}_{10}C_{0} \quad {}_{10}C_{1} \quad {}_{10}C_{2} \quad \cdots \quad {}_{10}C_{8} \quad {}_{10}C_{9} \quad {}_{10}C_{10}
\end{array}
$$

파스칼의 삼각형

당시, 수학계의 관심사는 원뿔곡선이었다. 원뿔곡선이란 이차곡선 즉, 원/포물선/타원/쌍곡선을 의미하는데, 파스칼 일곱 살 때 작고한 케플러가 타원 궤도의 법칙을 발표하면서 큰 이슈가 되었던 주제였다.

행성의 궤도가 원뿔곡선이라니!

데자르그가 원뿔곡선을 연구의 결정판 데자르그 정리를 만들어내자, 천재 소년 파스칼은 이를 발전시켜 16세에 파스칼의 육각형 정리를 발표한다.

파스칼의 육각형 정리

"원뿔곡선에 내접하는 육각형에서 세 쌍의 대변의 연장선의 교점은 한 직선 위에 놓여있다."

'데자르그 정리'와 '파스칼의 육각형 정리'는 입체를 평면에 투영시켜 보는 사영기하학의 시발점이 된다.

노르망디 상륙작전

육각형 하나로 파리 아카데미를 뒤집어 놓은 수학의 라이징 스타 파스칼! 이제부터 꽃길만 걷게 될 것 같았다. 하지만 당시 프랑스는 정치적으로 바람 잘 날이 없었으며 아버지 에티엔은 시위에 가담했다는 혐의로 재상이었던 리슐리외 추기경의 체포령을 받아 도망 다니는 신세가 되고 만다. 에티엔은 모든 인맥을 동원해 사면을 시도해 보지만 리슐리외는 꿈쩍도 하지 않았다.

한편 파스칼에게는 문학에 재능이 뛰어났던 여동생 재클린이 있었는데, 재클린 또한 천재 시인으로 유명해져, 왕궁에서 주최하는 시 낭송회에 초청받게 된다. 차례가 되자 재클린은 아버지의 사면을 호소하는 멋진 시를 낭독하게 되고, 리슐리외 추기경은 큰 감명을 받아 아버지 에티엔을 즉각 사면해준다. 재클린이 말 한마디로 천 냥 빚을 갚은 것이었다. 이후 리슐리외는 에티엔을 프랑스 노르망디 지역의 세무 장관으로 임명하였으며, 파스칼 가족은 파리를 떠나 노르망디에 상륙하게 된다.

지방 행정 수장이면 한직일 수도 있지만, 당시 노르망디의 재정과 세무 행정은 엉망이었다. 심심하면, 정책에 반대하는 폭동이 일어났고 아버지의 세무 업무는 천재 수학자 파스칼이 아무리 도와도 끝없이 쌓여만 갔다. 이에 파스칼은 아버지의 계산 업무를 줄이기 위한 장치를 만들기 시작했으며, 이렇게 해서 1645년에 최초의 기계식 계산기 '**파스칼 라인**Pascal line'이 탄생하게 된다.

파스칼은 내친김에 70여 대의 계산기를 만들어 계산기 사업을 시작한다. 고가품이라 많이 팔지는 못했지만, 덕분에 다음 등식이 세상에 알려지게 된다.

계산기 = 파스칼

파스칼 이후 라이프니츠, 찰스 배비지, 앨런 튜링, 폰 노이만에 의해 계산기는 컴퓨터로 진화해 나갔으며, 1970년에 컴퓨터 과학자 니클라우스 비르트(1934~2024년)[14]는 프로그래밍 언어 '파스칼'을 개발하여 1990년대 중반까지 널리 사용되기도 한다.

뉴스에 등장하는 수학자

'천동설과 지동설' 못지않게 고대부터 이어진 과학계의 케케묵은 논쟁 중 하나는 '진공'이었다.

아리스토텔레스는 저서 《자연학》에서 자연은 진공을 좋아하지 않는다고 말했으며, 데카르트는 우주는 꽉 찬 미세 물질로 소용돌이친다는 기계적 우주론으로 진공, 즉 비어 있는 상태란 있을 수 없다고 주장했으니, 진공을 논하는 것은 지구가 태양을 돈다는 주장하는 것과 같은 위험한 일이었다.

한편 1643년, 갈릴레오의 제자였던 이탈리아의 과학자 토리첼리는 특별한 실험을 한다. 당시 유럽의 궁전에는 분수가 많았는데, 분수의 물은 아무리 끌어 올려도 10m 높이가 한계였다.

14 파스칼을 포함해 다양한 프로그래밍 언어의 설계자. 1984년에 튜링상 수상

'10m 위에는 진공이 있지 않을까?'

토리첼리는 10m가 넘는 유리관이 필요했지만, 당시에는 제작이 불가능했기에 발상을 전환하여 물보다 약 13배 밀도가 높은 수은을 이용하기로 한다.

$$\frac{10}{13} \fallingdotseq 0.76\text{m}$$

물에게 10m는 수은에게 0.76m와 같았으니, 토리첼리는 넉넉하게 1m 높이의 유리관에 수은을 채운 후 뒤집는다. 그런데 수은주가 0.76m 근처에서 멈추는 것! 그렇다면 비어 있는 0.24m는 진공이었

토리첼리의 실험

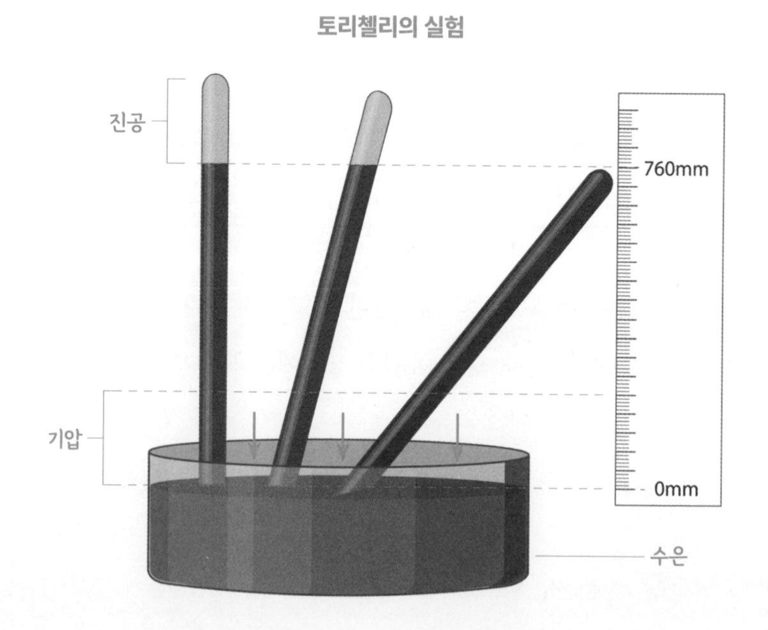

다. 이번에는 천천히 유리관을 0.76m까지 기울여 보았는데, 진공이 없어지는 것이었다.

이는 진공의 힘이 수은을 끌어 올리는 것이 아니라 수은주를 일정 높이로 유지하는 다른 힘이 있다는 것! 이 실험이 바로 진공의 존재를 세상에 알린 '토리첼리의 실험'이다.

역사적인 뉴스는 프랑스에도 전해진다. 아리스토텔레스와 데카르트의 생각을 의심하고 있었던 천재 과학자 파스칼은 무릎을 친다.

"공기에 압력이 있을 거야."

파스칼은 아예 수은주의 높이를 결정하는 힘을 수치로 나타내기 위해, 해발 1,465m의 퓌드돔 산에 올라 고도에 따른 압력을 측정하고자 했다. 하지만 그는 산에 오를 수 있는 몸 상태가 아니었기에 이 프로젝트를 매형에게 부탁했으며, 결국 수은주의 높이가 고도에 따라 달라지는 것을 확인할 수 있었다.

이 실험은 토리첼리의 실험만큼 유명한 '퓌드돔 실험'으로, 이를 통해 대기압이라는 개념이 생겨났다. 파스칼은 퓌드돔 실험을 기반으로 유체 속에서 가해진 압력은 모든 방향으로 똑같이 작용한다는 '파스칼의 원리'를 만들었다. 이는 오늘날 자동차에 사용되는 유압 브레이크의 원리가 된다. 오늘날 진공의 단위로는 '토리첼리(Torr)' 압력의 단위로는 '파스칼(Pa)'을 사용한다.

"이번 태풍은 1,024헥토파스칼입니다."

태풍 불면 어김없이 등장하는! 뉴스에서 가장 많이 이름 불리는 수학자는 파스칼이다.

판돈 분배 문제

두 사람 A, B가 똑같은 판돈을 걸고 도박을 한다. 게임 규칙은 다음과 같다.

> "원한 경기에서 A, B가 승리할 확률이 각각 $\frac{1}{2}$로 같을 때, 다섯 번까지 경기하여 먼저 세 번 이긴 사람이 판 돈을 전부 가져간다."

총 세 경기가 진행되었고, A가 2승 1패로 앞서고 있었다. 그런데 갑자기 천재지변으로 경기가 중단된다. 이 경우, 판돈을 나눈다면 어떻게 해야 할까?

● ● ●

이 문제가 바로 파스칼의 절친이자 아마추어 수학자였던 도박사 앙투안 공보가 파스칼에게 문의했던 '판돈 분배 문제'다. 당시만 해도 중단되기 전까지의 전적으로 판돈을 나누는 것이 관례였고, 이에 따라 A(2승)와 B(1승)가 2 : 1로 판돈을 나누기로 했다.

그런데, 만약 게임이 한 판만 진행되었고 A가 1승을 한 상태에서 천재지변이 일어났다면, 판돈은 A가 전부 가져가게 된다. 하지만 이 경우에 B도 최종 승자가 될 가능성이 제법 있었다는 걸 감안하면, 천재지변 이전의 전적만으로 분배하는 것은 합리적인 방법이 아니었다.

파스칼은 이 문제를 합리적으로 해결하기 위해, 페르마 삼촌과 수차례 서신 교환을 한다. 두 거장은 오늘날의 확률론에는 이르지 못했지만, 다음에 동의한다.

확률은 과거가 아닌 미래의 지배를 받는 것!

다시 말해, 합리적인 판돈 분배는 미래의 가능성을 기준으로 판단해야 한다는 것이었다. 하지만 미래는 주사위 게임처럼 우연의 지배를 받는 것! 이는 확실성을 추구하는 수학이 과연 '우연'이라는 단어를 받아들일 수 있는가의 문제로 발전하였으며, 이런 고민 끝에 우연의 패턴을 찾는 학문 **확률론**probability theory이 탄생하게 된다.

여기에 보너스로 파스칼이 리즈 시절 만든 '파스칼의 삼각형'을 활용하면, 게임 횟수가 늘어나도 판돈 분배 기준을 빠르게 찾을 수 있었다. 도박사의 관점에서 파스칼은 판단 능력과 계산 노동을 혁신시켜 준 영웅(?)이었다.

오늘날, 파스칼은 '확률론의 아버지'로도 불린다.

팡세는 계속될 것이다

파스칼은 어렸을 때부터 몸이 약했으며 그때마다 하나님께 의지한다.

1654년 31살의 어느 날, 파스칼은 마차를 타고 있었는데, 말의 고삐가 풀려 마차가 다리로 돌진하는 바람에 기절하게 된다. 불행 중 다행! 생명에는 아무 지장이 없었으니, 이때부터 파스칼은 본격적으로 크리스트교에 회심하게 되었으며 천재의 관심사는 수학, 과학에서 철학과 신학으로 옮겨진다.

특히, 예수회의 공격을 받아 이단으로 몰린 친구에게 쓴 서한집 《프로뱅시알》은 파스칼을 종교계와 문학계에서도 스타덤에 올려놓았고, 이 작품은 프랑스 근대 산문의 출발점이라 평가받으며 훗날 철학자 루소에게 영향을 끼친다.

또한 1657년, 34살의 파스칼은 신, 인간, 우주에 대한 철학적 명상집 《팡세》를 집필하기 시작한다. 팡세에서 그는 신을 믿어야 하는 이유를 수학적으로 설명한다.

딱히 반박하기도 뭐한 이 방법은 오늘날 **'파스칼의 내기'**라는 이름으로 알려져 있으며, 결정이론과 게임이론으로 발전한다.

신神	존재(○)	존재(×)
믿음(○)	천국	작은 손실
믿음(×)	지옥	본전

파스칼의 내기

1658년 35세의 파스칼은 잠을 이룰 수 없었다. 계속 달고 살았던 두통이 심해졌기 때문이었다. 파스칼은 잠시라도 두통을 잊기 위해, 마음의 평온을 주었던 수학에 몰입한다. 수학은 잠시라도 두통을 잊게 해주었고, 덕분에 사이클로이드[15] 문제를 해결하고 적분법을 창안해낸다.

또한, 파스칼은 파리 시내에 8개의 좌석이 있는 세계 최초의 대중교통 '마차 옴니버스' 50대를 5개 노선으로 운영한다. '옴니버스 omnibus'라는 말은 모두를 위한다는 뜻의 라틴어로 오늘날 버스라는 단어의 어원이다.

버스의 아버지도 파스칼이었다니!

수학자이자 과학자로, 철학자이자 신학자로 여기에 발명가이자 운송 사업가였던 파스칼! 하지만 신은 천재에게 더 이상을 허락하지 않았다.

1662년, 39세의 파스칼은 건강이 극도로 악화되어 친누이의 집에서 요양하던 중 세상을 떠난다. 파스칼의 명상집 《팡세》는 아직 진행 중이었다.

15 자전거 바퀴의 둘레 위에 점을 찍어 굴릴 때 점이 그리는 도형

그의 벗들은 묘비명에 이렇게 새겨주었다.

"파스칼은 여기 잠들었지만, 팡세는 계속될 것이다."

이로부터 8년 후, 가족들은 파스칼의 유작《팡세》를 세상에 내놓았다. 이후 팡세는 오늘날에도 사랑받는 스테디셀러가 된다.

서른 초반에 사실상 종교에 귀의했기에 수학, 과학에서 파스칼의 업적은 대부분 20대에 이룬 것이었다. 신이 일찍 데려가지 않았다면 수학에서 가우스나 오일러, 뉴턴과 같은 고트[16] 반열에 올랐을 것이다.

16 GOAT, Greatest Of All Time

아이작 뉴턴

거인의 어깨 위의 소년

뉴턴 이전 종교의 시대 **뉴턴 이후** 과학의 시대

고드프리 넬러, 뉴턴의 초상화
1689, 아이작 뉴턴 연구소

역사를 둘로 쪼개달라는 질문은 역사가에게 매우 곤란한 질문일 것이다. 쪼개는 기준과 사관에 따라 논란의 여지가 많기 때문이다. 하지만 과학사에는 명확한 기준이 있다. 그 기준은 "뉴턴"이다.

이번 수업은 논란의 여지가 없는 최고의 수학자이자 과학자, 아이작 뉴턴 이야기다.

케임브리지와 기적의 해

아이작 뉴턴은 1642년 12월 25일! 크리스마스에 영국의 시골 마을 울즈소프에서 태어난다. 뉴턴이 태어나기 직전, 아버지가 돌아가셨고, 세 살 되던 해에는 어머니마저 돈 많고 나이 많은 목사님과 재혼하면서 출가하게 된다. 단, 뉴턴은 데려오지 않는 조건이었다.

고아가 될 뻔했지만, 다행히 외할머니가 뉴턴을 키워주셨는데, 외로움이 많았던 탓인지 괴팍한 성격이 형성된다.

"새아빠 집에 불을 지를 거야!"

꼬마답지 않은 거친 말을 쏟아내는 뉴턴! 그런데, 진짜 불을 지를 필요가 없어졌으니, 뉴턴이 10살 되던 해에 새아버지가 사망하고, 어머니가 집으로 돌아온다. 하지만 재회의 기쁨도 잠시였다. 어머니는 뉴턴을 집에서 10km 거리의 킹스스쿨에 보낸다.

학교에서는 라틴어와 그리스어, 신학을 가르쳤으며, 열정 넘치는 선생님은 장차 농부가 될 아이들을 위해 산술 과목을 도입하여, 측량은 물론 아르키메데스의 기하학까지 알려주었다. 이는 미래의 과학자 뉴턴에게 참신한 자극제였다. 또한 뉴턴은 약사이자 화학자였던 윌리엄 클라크 집의 다락방에서 하숙하게 되었는데, 클라크에게 간단한 화학 약품 제조법을 배울 수 있었다.

한편, 이 다락방은 소년 뉴턴의 철학 연구소였다. 뉴턴은 노트를 한 권 사서 낙서를 하기 시작한다.

천체/시간/운동/빛/인체/하나님

소년 철학자가 자신에게 인생의 과제를 내고 있었던 것이다. 그러던 어느 날, 갑자기 어머니에게 호출이 온다.

“아이작, 농장 일이 바쁘니 집으로 돌아오렴!”

이런! 다른 천재들 같으면 자발적으로 선행학습 할 시기에 뉴턴은 풀을 뽑게 되었다는 것이다! 하지만 뉴턴이 농장 일을 잘할 리가 없었고 당시 케임브리지에 다니던 외삼촌의 설득으로 어머니는 마지못해 뉴턴을 케임브리지에 진학시키기로 한다.

●●●

케임브리지에는 세 종류의 학생이 있었다.

1. 귀빈석에서 식사하고, 그냥 학위를 받는 귀족 학생
2. 등록금을 내고 영국 국교회 성직자가 되는 학생
3. 심부름하며, 남은 음식을 먹는 근로 장학생

대학 진학만으로도 감사해야 했던 뉴턴! 그의 선택지는 하나밖에 없었다.

1661년, 19살의 뉴턴은 드디어 케임브리지에 근로 장학생으로 입성한다.

“플라톤과 아리스토텔레스는 내 친구지만, 진리가 더

훌륭한 내 친구이다.”

‘플라톤은 내 친구…’라고 했던 아리스토텔레스의 말을 패러디해 좌우명을 만들고, 뉴턴은 본격적으로 진리를 찾아 나선다.

진리의 바다에는 두 개의 대양이 있었다. 아리스토텔레스와 프톨레마이오스의 천동설로 대표되는 고대 자연관! 코페르니쿠스, 케플러, 갈릴레이의 지동설로 대표되는 근대 자연관! 여기에 많은 철학자들은 “만물은 ○○”이라고 각자의 의견을 피력하니, 뉴턴은 도대체 뭘 믿어야 할지 혼란스러웠다.

뉴턴보다 반세기 전 프랑스의 지성 데카르트는 이런 혼란을 정돈하기 위해 모든 지식을 비우고, 원점에서 출발했었다. 그리고, 확실히 믿을 수 있는 자신만의 공리 체계를 세웠다.

- 나는 생각한다, 고로 존재한다.
- 모든 결과에는 원인이 있다.
- 확실하게 믿을 수 있는 건 수학이다.

데카르트가 이렇게 학습 가이드라인을 잡아준 덕분에, 뉴턴은 데카르트의 사상을 열심히 공부하면서도 무작정 따라가지 않고, 자신만의 독창적인 철학 체계를 만들 수 있었다. 또한, 케임브리지 최초의 ‘루카스 수학 석좌교수’가 된 아이작 배로의 강의를 들으며 본격적으로 수학, 과학 공부에 몰입한다. 그 결과 이항정리를 만들었고,

아리스토텔레스의 고대 자연관을 탈피하고, 데카르트와 갈릴레이의 근대 자연관을 받아들이게 되었다.

●●●

졸업을 앞둔 1664년 말 런던! 사람들이 잿빛이 되어 죽어 나가기 시작했다. 영국에도 흑사병이 퍼진 것이었다. 런던에서 100km 떨어져 있던 케임브리지도 흑사병을 피할 수 없었다. 뉴턴은 학부를 마치고 펠로우가 되었지만 학교가 문을 닫아 강제 휴학을 당한다. 덕분에 뉴턴은 고향 울즈소프에 내려가 관찰과 사색의 시간을 보내며 스스로에게 질문을 던진다.

"사과는 떨어지는데, 달은 왜 안 떨어지지?"

약 2000년 전, 이에 대한 아리스토텔레스의 답변은 매우 간단했다. 사과는 지상에 있으니 떨어지고, 달은 천상에 있으니 떨어지지 않는다는 것! 지상계와 천상계를 구분하면 간단히 해결되는 질문이었다. 하지만 뉴턴에게 지상계와 천상계의 경계선은 불분명해 보였고, 지상계에서 일어나는 일이 천상계에서 일어나지 말라는 법도 없어 보였다.

"혹시 달도 떨어지는 거 아냐?"

스스로에게 던지는 질문이 진화하면서 뉴턴은 달도 사과처럼 지구에 떨어지는데, 지구가 돌고 있기 때문에 떨어지지 않는 것처럼 보인다는 사실을 알게 된다. 이는 사과와 지구처럼, 달과 지구도 서로를 끌어당긴다는 '만유인력의 법칙'의 탄생을 의미했다.

여기에 흑사병이 길어지고, 런던에 대화재가 나면서 강제 휴학이 2년으로 길어지는데, 이 시기에 뉴턴은 **빛의 본질, 미적분, 운동법칙** 등등, 도저히 한 사람이 했다고 믿기 어려운 성과를 만들어낸다. 그래서 과학사에서는 뉴턴의 휴학 시절인 1665년에서 1666년까지를 아인슈타인이 특허청에 근무하면서도 세 편의 역대급 논문을 쏟아냈던 1905년과 함께 '기적의 해'라고 부른다.

반사망원경의 아버지

젊은 시절, 뉴턴의 주된 관심사는 '빛'이었다. 심지어 거울에 반사된 빛과 계속 눈싸움을 하고 바늘로 눈을 찔러가며 빛의 번짐을 관찰하느라 뉴턴은 실명 위기를 맞기도 한다. 도대체 무엇 때문에 젊은 천재는 빛에 빠지게 되었을까?

"빛이란 ○○이다."

아리스토텔레스부터 데카르트까지 많은 현인들이 빛에 대해 말해왔지만, 그 무엇도 공감하기 어려웠기 때문이다. 특히 데카르트는 프리즘에 반사된 백색광이 무지갯빛(빨주노초파남보)으로 흩어지는 것은 빛의 회전속도에 따라 백색광이 변형되는 것이라 했다.

뉴턴은 이를 반신반의하면서 2개의 프리즘을 준비한다. 데카르트가 맞다면, 프리즘에서 나온 빨간빛에만 프리즘을 대더라도 여러 색으로 갈라져야 하는 것이었다. 그런데 한 번 빨간빛은 계속 빨간빛! 한 번 노란빛도 계속 노란빛이었다. 또한 뉴턴은 백색광에 프리즘을 대면 무지개, 무지개를 돋보기로 모으면 백색광, 다시 프리즘을 대면 무지개…

백색광 ⇒ 무지개 ⇒ 백색광 ⇒ 무지개 ⇒

백색광이 여러 단색광의 혼합임을 증명한다. 빛의 정체를 밝혀낸 뉴턴은 내친김에 망원경 제작에 도전한다. 50여 년 전, 갈릴레이와 케플러가 망원경을 개발하여 큰 성과를 냈지만, 기존 망원경은 볼록렌즈를 사용하는 바람에 색들이 분산되어 번짐이 있었다. 뉴턴은 볼록렌즈 대신 오목거울을 사용한다. 입사한 빛을 오목거울에 반사시

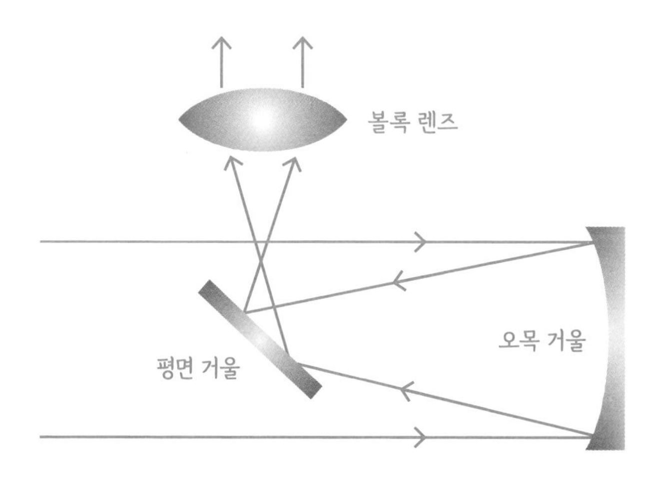

킨 후, 초점에 모인 빛을 거울에 반사시키자 더 선명한 상을 관찰할 수 있었다.

뉴턴은 이 망원경을 왕립학회에 제출하는데 학회에 난리가 난다. 뉴턴의 망원경은 겨우 15cm! 당시 최고급 망원경의 $\frac{1}{10}$크기였는데 성능은 동급이었다. 이로 인해, 영국 과학계에 뉴턴이라는 신성의 이름이 퍼져나갔으며, 뉴턴은 아이작 배로의 뒤를 이어 27세에는 제2대 루카스[17] 수학 석좌교수, 30세에는 영국 왕립학회의 정회원이 된다.

왕립학회의 신입 회원 뉴턴은 당시 최고의 철학 잡지 《철학회보》에 〈빛과 색에 관한 새로운 이론〉을 야심 차게 발표하고, 백색광은 단색광의 혼합된 입자라고 말한다.

"뭐 입자라고?"

왕립학회의 실세였던 로버트 훅이 강하게 태클을 건다. '훅의 법칙[18]'으로 유명한 로버트 훅은 펄스 이론을 제안하며 빛이 파동이라고 주장한 과학계의 거물이었다. 뉴턴은 당장 반박하고 싶었지만, 3개월 후 입자성은 논문의 핵심 주제가 아니었다고 꼬리를 내린다.

한편, 훅의 태클은 앞으로 걸어올 수많은 공격의 시발점이었으며 뉴턴은 빛에 관한 논의를 보류했다가 32년이 지난 1704년, 훅이 사

17 영국 케임브리지의 가장 명예로운 수학 교수직으로 아이작 뉴턴, 찰스 배비지, 폴 디랙, 스티븐 호킹 등이 거쳐 갔다.

18 물체에 어떤 힘을 가해 변형하는 경우, 변형의 양은 힘의 크기에 비례한다는 법칙

망한 다음 해에 《광학》이라는 역작을 발표한다. 오늘날 뉴턴은 반사 망원경의 아버지로도 불리며, 빛은 입자성과 파동성을 동시에 가지고 있다.

수학적 우주론 《프린키피아》

뉴턴은 강제 휴학 시절에 설계했던 운동 법칙들을 이렇게 정리한다.

관성의 법칙

물체가 힘을 받지 않으면 자신의 운동 상태를 유지한다.

가속도의 법칙

물체가 힘을 받으면 그에 비례한 속도의 변화(가속도)가 생긴다.

$$F = ma$$

(힘 = 질량 × 가속도)

작용·반작용의 법칙

모든 힘에는 그와 반대 방향의 힘이 수반된다.

만유인력의 법칙

만물은 서로 끌어당긴다.

$$F = G\frac{m_1 m_2}{r^2}$$

(F는 힘, G는 중력상수, m_1, m_2는 질량, r은 거리)

뉴턴은 완성시킨 운동법칙의 체계를 조급하게 발표하지 않았다. 왕립학회에 로버트 훅과 같은 소위 꼰대(?) 과학자들이 많았기 때문이다.

●●●

1684년 왕립학회에서 건축가 크리스토퍼 렌, 프로 태클러 로버트 훅, 헬리 혜성의 발견자 에드먼드 핼리는 별(태양)과 행성(지구) 사이에 만유인력의 법칙이 작용한다면 행성 궤도의 어떤 도형을 그릴까에 대한 열띤 토론을 벌였지만, 결론을 낼 수 없었다. 핼리는 답답한 나머지 뉴턴을 찾아간다.

"20년 전에 계산해보니, 타원이던데!"

뉴턴이 케플러의 '타원 궤도의 법칙'을 증명했었다는 것이었다. 핼리는 계산 과정을 알려달라고 졸랐으나, 뉴턴은 즉답을 보류했으며 3개월 후, 〈물체의 궤도 운동에 관하여〉이라는 논문을 보내준다.

"뉴턴 선배, 이건 출판 각이오."

기획자 핼리와 저자 뉴턴이 3년 간 모든 것을 쏟아부어 만든 역대급 명작이 탄생한다.

자연철학의 수학적 원리《프린키피아》

총 세 권으로 이루어진 이 책은 다음과 같이 요약된다.

제1권에서는

다양한 운동법칙과 행성의 타원 궤도 운동을 증명한다.

제2권에서는

유체역학을 설명하고, 데카르트의 '기계적 우주론'을 반박한다.

하지만 1권, 2권이 나오고 뉴턴의 인지도가 높아질수록 로버트 훅의 태클도 수위가 높아졌다. 이에 화가 난 뉴턴은 제3권에서 훅에 대한 일부 내용을 삭제한다. 한편 왕립학회가 재정적으로 어려워짐에 따라 제3권은 부득이하게 핼리의 돈으로 출판을 하게 되었으며, 집필을 제외한 잡무도 핼리가 도맡게 되었다.

이렇게 탄생한 **제3권에서는**

자연철학 공부법과 태양계, 지구의 모양, 만유인력, 밀물과 썰물을 설명한다.

《프린키피아》는 서술 방식에서 유클리드의《원론》을 벤치마킹하여 "운동법칙"이라는 공리 시스템을 구축해놓고, 자연의 운동을 연역적으로 풀어간다. 여기에《프린키피아》는 행성의 운행 시스템을 관찰 기록이 아닌 기하학으로 한 땀 한 땀 도형을 그려 수식으로 설명해간다. 데카르트가《철학의 원리》에서 제시한 '기계적 우주론'을 넘어서는 소위 '수학적 우주론'을 탄생시킨 것이었다.

《프린키피아》를 기점으로 우주는 하나님의 뜻으로 운행되는 것이 아니라, 수학과 역학 법칙에 의해 운행된다는 인식이 퍼진다. 뉴턴이 과학사를 둘로 쪼개낸 것이었다.

뉴턴 이전 종교의 시대	뉴턴 이후 과학의 시대

《프린키피아》는 오늘날 《원론》과 함께 역사상 가장 위대한 과학서로 꼽힌다.

대영제국 과학 총수

아이작 뉴턴은 아인슈타인과 함께 과학자 하면 떠오르는 인물이다. 《프린키피아》가 히트를 치면서 과학계의 슈퍼스타가 되긴 했지만 '예스터데이' 한 곡만으로 비틀즈가 될 수 없는 것처럼 뉴턴이라는 브랜드의 성공에는 뭔가 특별함이 있었다.

뉴턴이 태어나던 1642년, 영국에서는 내전이 발발한다.

왕당파 vs **의회파**
(왕을 지지) (의회를 지지)

겉보기엔 정쟁이었지만, 사실상 가톨릭과 청교도의 종교 전쟁이었다. 청교도를 이끌던 크롬웰은 국왕 찰스 1세의 목을 자르고 공화정을 탄생시켰고 이를 **청교도 혁명**이라 한다. 하지만 크롬웰이 죽자, 의회는 찰스 2세(찰스 1세의 아들)를 왕으로 앉혔으니 이를 **왕정복고**라 한다. 뒤이어 찰스 2세의 동생 제임스 2세는 왕권을 강화하고, 가톨릭을 배타적으로 강요했으며, 심지어 대학에도 압박이 들어왔다. 뉴턴이 있던 케임브리지에 왕의 전갈이 온 것이다.

"수도사 알반 프랜시스에게 학위를 수여하라!"

종교인들이 대학에서 명예 학위를 받는 경우는 있지만, 프랜시스는 학위를 받고, 아예 눌러앉을 기세였다. 그냥 봐도 왕이 아바타를 심으려는 계략이었다. 케임브리지의 대다수는 반대했지만, 총장은 뉴턴을 포함한 8인의 대표회를 소집해 학위 수여 동의서에 서명하라고 압박한다. 그런데 뉴턴이 갑자기 자리에서 일어난다.

"이건 문제를 해결하는 게 아니라, 포기하는 것이오."

정적이 흘렀지만, 뉴턴의 용기에 힘을 얻은 대표자들의 반대로 학위 수여가 취소된다. 이 사건으로 뉴턴은 ~~목이~~ 케임브리지의 영웅이 되었다.

또한 무리한 정책으로 일관하던 제임스 2세는 왕위를 내려놓게 되는데, 이게 바로 명예혁명(1688년)이다. 이후 의회가 다시 소집되었고 케임브리지도 의회에 2명의 의원을 보내게 되는데 이 중 한 명이 뉴턴! 뉴턴이 국회의원이 된 것이다.

이후 뉴턴은 런던에서 활동하게 되었고 54세에 조폐국 감사관이 되면서 정치인이자 공무원으로 살아가게 된다. 당시 조폐국 감사관은 한직이었지만 무엇을 해도 진심이었던 뉴턴은 악명 높은 위폐범 윌리엄 챌로너가 범인임을 증명하여 사형장의 이슬로 보내버렸으며, 동전 테두리에 최초로 홈을 파는 아이디어로 위폐 제조를 막는 성과를 인정받아, 57세에 조폐국장 자리에 오르게 된다. 또한 1703년에 앙숙이었던 훅이 사망하자, 마침내 왕립학회 회장직에 오르게 된다.

뉴턴이 이토록 승승장구할 수 있었던 첫 번째 이유는 《프린키피아》 덕분이었다. 누구라도 《프린키피아》를 열어보는 순간 한 사람이 이토록 대단한 일을 했다는 사실에 경외심(또는 경악)을 느끼게 된다.

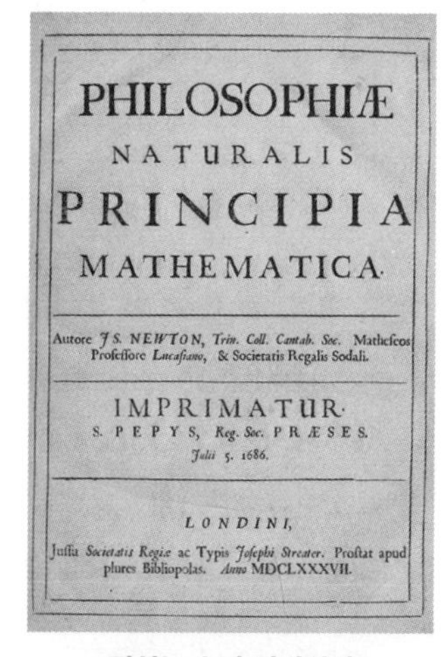
PHILOSOPHIÆ
NATURALIS
PRINCIPIA
MATHEMATICA.

Autore J S. NEWTON, Trin. Coll. Cantab. Soc. Matheseos Professore Lucasiano, & Societatis Regalis Sodali.

IMPRIMATUR.
S. PEPYS, Reg. Soc. PRÆSES.
Julii 5. 1686.

LONDINI,
Jussu Societatis Regiæ ac Typis Josephi Streater. Prostat apud plures Bibliopolas. Anno MDCLXXXVII.

펼치는 순간 경외심이 느껴지는 걸작, 《프린키피아》

"《프린키피아》 읽어 봤어?"

경외심은 입소문을 타고 빠르게 퍼져나갔다.

두 번째 이유는 소신 있는 행동과 탁월한 업무 처리 능력에 있었다. 이는 '뉴턴주의자'라는 강력한 팬덤을 양산했다. 팬클럽 회장(?) 핼리를 필두로 드무아브르, 테일러, 매클로린, 로피탈 등등 수학자들은 물론 절친이었던 로크, 훗날 볼테르, 칸트 등등 문과 계열까지 합류하면서, 톱스타 못지않은 사회적 팬덤을 구축하게 되었다. 이들은 각지에 뉴턴을 전파했고 '뉴턴주의'가 '데카르트주의'를 넘어 대세가 되는데 일조했다. 뉴턴 또한 팬클럽 관리에 공을 들였다. 핼리에게 조폐국 감사관, 옥스퍼드 교수직을 주고 "핼리 혜성" 발견자라는 명예를 만들어 주었으며, 뉴턴주의자들을 대학과 행정 기관에 심어 나갔다.

세 번째 이유는 왕립학회 회장이 되면서 얻은 추진력에 있었다. 뉴턴은 전임 회장 로버트 훅의 초상화를 내리고, 고급화 전략으로 탁월한 실적을 내고, 회장의 절대 권한을 만들었다. 왕립학회는 사실상 뉴턴의 과학 왕국이 되었던 것이었다.

최고의 실력자이자 대영제국의 과학 총수! 실력과 권력 모두 정점에 있었기에 뉴턴은 과학자의 대명사가 될 수 있었던 것이다. 뉴턴 이후 왕립학회에는 패러데이, 찰스 다윈, 맥스웰, 아인슈타인, 스티븐 호킹 그리고 일론 머스크(?)까지 기라성 같은 회원들이 합류하며, 그 명예를 이어가고 있다.

최후의 마술사

1936년 뉴턴의 기록물 329편이 소더비Sotheby[19] 경매에 나온다. 뉴턴의 수집가였던 세계적인 경제학자 케인즈가 이를 낙찰 받았는데, 기

19 영국의 세계적인 경매회사로 미국의 크리스티와 함께 2대 경매회사로 꼽힌다.

록물의 $\frac{1}{3}$ 이상이 연금술alchemy이었다는 놀라운 사실이 밝혀진다. 연금술이란 쇳덩이로 금을 만드는 기술로, 그 시작은 고대 그리스 시대로 올라간다.

●●●

그리스 시대, 당시 철학자들의 논쟁은 아르케 즉, "세상을 조립하는 원소"는 무엇인가에 대한 것이었다. 아테네학당의 두 주인공 플라톤과 아리스토텔레스도 이에 동참했다. 플라톤은 만물이 4원소(물/공기/불/흙)으로 조립되어 있다고 주장했고, 아리스토텔레스는 각 원소의 성질이 바뀌면 다른 원소가 될 수 있다고 주장한다.

"아하, 쇳덩이도 금이 될 수 있겠군!"

아리스토텔레스가 그렇다면 그런 거지! 이후 인류는 2천 년간 연금술에 혈안이 되어 있었는데 이 중에는 어린 시절에 화학 약품 좀 만져본 뉴턴도 있었다. 뉴턴은 연구실에 장비를 세팅해놓고 연금술에 매진했으며, 심지어 자신의 작업을 화학chemistry이라고 불렀다. 우주의 운행을 수학으로 설명했듯이 《자연철학의 화학적 원리》라는 책을 만들고 싶었는지도 모른다. 하지만 천재가 30년이라는 시간을 쏟아부었음에도 쇳덩이는 끝내 금으로 바뀌지 않았다.

이후 라부아지에가 '원소', '질량보존의 법칙'으로 진짜 화학이라는 학문 체계를 만들면서 연금술은 힘을 잃었고 돌턴의 '원자설'이 등장하면서 연금술은 막을 내리게 된다. 케인스는 "뉴턴은 최후의 마술사였다"라고 말했다. 뉴턴이 '최후의 연금술사'라는 의미였다. 뉴턴은 신학자로도 많은 저작을 남겼다.

수학자이자, 과학자, 공무원이자 정치인, 연금술사이면서 신학자를 겸했던 프로N잡러로 연금술을 제외하면 모든 분야에 탁월한 성과를 낸 뉴턴! 하지만 그가 말하는 자신의 직업은 하나였다.

"자연의 진리를 찾는 철학자"

어느덧 85세가 된 뉴턴은 제자들에게 이런 말을 하곤 했다.

"나는 바닷가에서 장난치는 소년이라네! 진리의 대양이 펼쳐져 있고, 예쁜 조약돌이나 조개껍데기를 발견하고 즐거워하는…"

85년의 시간 동안 평생을 동정으로 살면서, 오직 진리 탐구에만 매진했던 뉴턴! 인류 최고의 지성은 1727년 3월 31일에 눈을 감았다. 장례식에는 애도하는 시민들의 행렬이 이어졌으며, 그의 유해는 엘리자베스 1세가 안치되어 있는 웨스트민스터 사원에 묻힌다.

뉴턴의 묘비에는 시인 알렉산더 포프의 애도사가 새겨져 있다.

"자연은 어둠 속에 숨어 있었다. 신께서 뉴턴을 나오라 하시니, 모든 것이 밝아졌다."

라이프니츠

미적분 일타 수학자

크리스토프 베른하르트 프랑케, 라이프니츠의 초상화
1695, 헤르조그 안톤 울리히 미술관

위대한 수학자 겸 과학자 일순위는 아이작 뉴턴! 뭐 반박 불가한 상수다. 뉴턴은 《프린키피아》 한 권으로 수학과 과학을 동시에 평정해버린 이과계의 절대 권력자였다. 하지만 미적분 하나만을 놓고 봤을 때, 과연 뉴턴이라 할 수 있을까?

이번 수업은 뉴턴과 같은 시기에 미적분을 만들고, 철학과 논리학 등 다방면에 이름을 새긴 고트프리트 빌헬름 라이프니츠의 이야기다.

새로운 알파벳을 만들 거야

라이프니츠는 종교 개혁가 마르틴 루터가 사망한 지 100년 후인 1646년, 신성로마제국(오늘날 독일)의 개신교 가정에서 태어난다. 훗날 라이벌이 되는 영국의 뉴턴은 4살! 아마도 산수에 눈을 뜨고 있었을 것이다.

라이프니츠가 태어나기 28년 전인 1618년! 신성로마제국을 중심으로 30년 전쟁이 시작된다. 1517년 마르틴 루터가 가톨릭에 대한 반박문을 발표하고 가톨릭 교황에게 파문당하면서 시작된 종교 개혁은

가톨릭 vs 개신교(프로테스탄트)

최초의 국제 전쟁으로 평가받는 30년 전쟁을 촉발시켰고, 치열한 전쟁의 끝자락에 라이프니츠라는 초천재가 태어났던 것이다.

라이프니츠의 아버지는 라이프치히대학 윤리학 교수였으며 집에는 마을도서관급 서재가 있었으니, 천재를 영접하기에 더할 나위 없는 환경이었다. 라이프니츠가 여섯 살이 되던 해, 안타깝게도 아버지가 세상을 떠나고 사실상 서재의 주인이 되면서 철학, 윤리학, 외국어, 수학 등 다방면의 지식을 폭발적으로 쌓아 나가는데! 어느덧 13살이 된 라이프니츠는 이런 생각을 하게 된다.

'나라 말씀이 서로 달라 싸우고들 있으니, 세계를 통합할 새로운 알파벳을 만들 거야!'

13살의 소년이 쓴 '훈민정음 서문(?)'이었다.

공부에 몰입하는 천재의 속도는 무시무시했다. 15세에 라이프치

히대학에 합격했으며, 17세에는 학사 학위를 획득하고 예나대학에서 6개월간 수학을 공부한 후, 20세에는 알트도르프대학에서 법학 박사학위를 획득한다.

이후 라이프니츠는 저장된 지식을 모아 세상을 이렇게 바꾸겠다는 칼럼을 쏟아내는데, 필력에 감탄한 실력자들의 시선도 라이프니츠를 향하고 있었다.

이집트 원정 프로젝트

약관의 청년에게 박사학위를 안긴 알트도르프대학은 교수직까지 제안한다. 하지만 야심 넘치는 천재는 제안을 거절하고 다른 천재들처럼 자신만의 진리 대장정에 나선다. 우선 선배 철학자 데카르트와 스피노자가 학문의 자유를 찾은 네덜란드에 유학을 가려 했지만, 페스트가 퍼져 잠시 보류하고 당시 핫 커뮤니티였던 연금술 학회에 가입한다. 연금술은 쇳덩이를 금으로 바꾸는 기술로 오늘날 화학적으로 불가능함이 밝혀졌지만, 당시 연금술 학회에는 명망 있는 학자와 권력자들이 우글대고 있었다. 훗날 뉴턴도 연금술에 30년이나 허비했다는 사실이 그 단면을 보여준다.

학회에서 라이프니츠는 마인츠의 실력자인 폰 보이네부르크 남작을 만나게 된다. 둘은 서로의 실력과 권력에 이끌려 각별한 사이가 되었으며, 라이프니츠는 보이네부르크의 법률 고문과 자녀 교육을 담당하며, 다양한 제안서를 올린다. 천재의 기획력은 권력자를 감탄시켰고 이는 마인츠의 선제후, 쇤보른에게도 전해진다.

높은 분을 만날 때, 책 선물 만한 게 없다. 라이프니츠는 쇤보른에게《법학 교육의 새로운 방법》이라는 자신의 책을 헌정하였으며, 감동한 쇤보른은 라이프니츠를 법률 고문 및 대법관으로 임명한다. 이에 라이프니츠는 엄청난 제안서를 보여준다.

이집트 원정 프로젝트
프랑스가 독일을 비롯한 주변국을 공격하기보다는 이집트를 제압하여 주변국의 세력을 약화시킨다.

이후 라이프니츠는 보이네부르크와 쇤보른의 후원으로 프랑스의 태양왕 루이 14세에게《이집트 원정 프로젝트》를 제안하기 위해 파리에 외교관으로 파견된다.

"짐이 곧 국가다."

이 말로 상징되는 절대 권력자, 루이 14세에게 서한은 전달되었지만 아쉽게도 라이프니츠는 루이 14세를 만나지도, 프로젝트가 실현되지도 못한다. 하지만 누군가의 상상은 현실이 되는 법! 약 130년 후 나폴레옹은 실제 이집트 원정을 떠난다.[20]

20 나폴레옹은 1798년에 이집트 원정을 시작했다.

● ● ●

파리에서의 외교관 생활! 라이프니츠는 선진문물을 접하고 지식인들과 교류하며 한마디로 물 만난 고기가 되어 있었다. 1672년, 26살에는 파리에 머물던 네덜란드의 세계적인 수학자 겸 과학자 하위헌스(1629~1695)[21]를 만나게 된다. 라이프니츠는 연예인을 만난 듯 수학을 꼬치꼬치 물어봤고 하위헌스는 호기심 넘치는 학도에게 수학을 친절히 알려준다. 이 만남은 라이프니츠에게 엄청난 동기를 주었으며, 둘은 수시로 서신을 주고받으며 정보를 공유한다.

이듬해에는 런던으로 넘어가 뉴턴이 소속된 영국 왕립학회에서 자신이 만든 계산기를 시연한다. 이는 덧셈, 뺄셈만 되던 최초의 계산기 파스칼 라인을 넘어 곱셈, 나눗셈까지 가능한 당시에는 혁신적인 발명품이었다. 덕분에 라이프니츠는 왕립학회의 회원 자격을 얻고 뉴턴과도 알게 된다.

하지만 파리에서의 외교관 생활에 위기가 찾아온다. 든든한 후원자였던 보이네부르크와 쇤보른이 잇달아 사망한 것이다. 라이프니츠는 보이네부르크의 아들 필리프의 가정교사 생활로 근근이 버티긴 했지만, 결국 4년간의 파리 생활을 접을 수밖에 없었다.

21 '진자시계', '토성의 고리'로 유명하다.

모나드와 예정조화설

하늘이 무너져도 솟아날 구멍은 있는 법!

귀국 준비를 하던 라이프니츠에게 하노버 공국에서 러브콜이 온다. 왕립 도서관장을 맡아달라는 것이었다. 라이프니츠는 이를 광속도로 수락하고 하노버로 가는 길에 헤이그를 경유한다. 세기의 철학자 스피노자를 만나기 위해서였다.

"내일 지구의 종말이 오더라도 오늘 한 그루의 사과나무를 심겠다.[22]"

한국에서 사과나무 하면 떠오르는 스피노자는 훗날 데카르트, 라이프니츠와 함께 근대 철학의 3대 합리론자로 이름을 올리게 되는 인물이다.

라이프니츠에게 막내 삼촌뻘이었던 스피노자는 유대교에 반항하다 영구 제명 및 추방을 당하고 수학의 공리적 방법으로 자신만의 철학을 만들어 스타덤에 올랐으니, 라이프니츠에겐 가장 완벽한 롤 모델이었다. 하지만 이미 건강을 잃고 요양 중이었던 스피노자는 얼

22 이 말을 최초로 한 사람은 마르틴 루터라는 설도 있다.

마 후 45세의 젊은 나이에 세상을 떠난다.

1676년 30살의 나이에 하노버의 도서관장이 된 라이프니츠! 도서관 일은 수월했고 다양한 학자들과 교류하며 해외를 드나들 수 있었다. 또한 그는 하노버의 법률과 정치, 과학기술 고문으로 광산 개발, 가문의 역사편찬 등 굵직한 프로젝트를 도맡아 오랜 시간 하노버 왕국과 동행한다.

또한 1700년, 라이프니츠는 자신의 팬이었던 프로이센의 샤를로테 왕비의 도움으로 베를린 아카데미의 초대 원장이 된다. 이후 베를린 아카데미는 독일 과학의 전당으로 성장한다.

도서관장과 학술원장으로 다양한 프로젝트를 진행하는 와중에도 라이프니츠는 다방면에 저술을 남겼으며 철학에서는 말년에 저술한 《모나드론》으로 방점을 찍는다. 점은 부분이 없는 것이라는 유클리드의 말처럼, 라이프니츠는 쪼개지지 않는 물질의 최소 단위이자 태초의 근원을 '**모나드**monad(**단자**)'라고 주장한다.

그는 모나드를 오늘날 물질을 이루는 원자와는 다른 개념으로 보았다. 모나드는 창window이 없어 외부의 영향을 받지 않고, 자신의 고유한 성질을 지니고 있으며, 신에 의해 각각의 모나드가 조화롭게 움직이도록 프로그래밍 되어 있다는 것이었다.

이 소설(?)이 바로 '예정조화설'이다. 상상을 초월하는 천재의 세계관이었다.

철학에서 라이프니츠의 위상은 다음과 같다.

합리론의 정점에 있는 철학자

수리논리학과 이진법

아리스토텔레스 | 다빈치 | 프랭클린 | 폰 노이만

이처럼 다방면에 박식한 인간 백과사전을 **폴리매스**polymath라고 한다. 라이프니츠도 인류 역사상 손꼽히는 폴리매스 중 한 명이다.

철학에서는 《모나드론》 외에도 《변신론》, 《신인간지성론》을 집필했고, 도서관학, 역사학, 법학, 종교학, 교육학, 지질학, 광물학, 연금술에도 문어발처럼 업적을 남겼으며, 물리학의 에너지 보존법칙, 심리학의 무의식을 생각해낸다.

또한, 1682년 프로이센 최초의 학술지 《학술기요》를 창간하여 유럽 전역에 퍼트린다. 라이프니츠의 많은 저작은 여기에 실려있다.

"출판된 것만으로 나를 이해할 수 없다."

라이프니츠의 이 말로 미루어, 천재의 머릿속엔 글로 담을 수 없는 엄청난 상상이 들어있었을 것이다.

수학에서는 '**라이프니츠 급수**'를 만들었는데, 이는 무리수 π가 유리수의 연산으로 만들어진다는 엄청난 발상이었다.

라이프니츠 급수

$$\frac{\pi}{4}=1-\frac{1}{3}+\frac{1}{5}-\frac{1}{7}+\cdots$$

또한, 그는 뉴턴과 비슷한 시기에 뉴턴과 다른 방식으로 미적분을 만들어낸다.

라이프니츠의 어린 시절의 꿈, **세계 공용 알파벳**을 만드는 일은 진행 중이었다.

언어는 제각각이지만, 문장은 단어와 논리 연결사 and, or, not, if-then의 조합에 불과한 것이었다. 라이프니츠는 기호를 도입해 이를 하나의 언어로 통합시키려 하는데, 이렇게 탄생한 학문이 **수리 논리학**이다.

훗날 라이프니츠의 계산기는 찰스 배비지의 해석기관, 튜링과 노이만의 실제 컴퓨터 모델로 진화하게 된다.

한편, 라이프니츠는 선교사로부터 중국의 점술서《주역》을 접하게 되는데…

"알파벳 찾았다!"

주역에서 아이디어를 얻어 0과 1을 알파벳으로 하는 새로운 언어, 이진법을 탄생시킨다.

주역의 '궤'란 양(--), 음(—)의 조합으로 만든 시스템으로 3개의 부호를 나열하면 $2^3 = 8$궤가 만들어지는데, 참고로 8궤 중 네 가지가 태극기의 건(☰), 이(☲), 감(☵), 곤(☷)이다. 이때, '--'를 0으로 '—'를 1로 바꾸면 그냥 이진법이 되는 것이다.

오늘날 정보의 단위 1바이트는 8비트! 이는 0 또는 1을 8개 나열하는 것이므로 굳이 비유하면 $2^8=256$궤[23]라고 할 수 있다.

라이프니츠는 주역에서 내친김에 《최신 중국학》을 집필! 중국 문물을 세상에 알린다.

결론적으로

컴퓨터 | 알고리즘 | 데이터

정보 과학의 모든 뿌리는 라이프니츠라고 봐도 될 것이다.

뉴턴 vs 라이프니츠

17세기를 대표하는 두 수학자 **뉴턴**과 **라이프니츠!**

이들은 미적분의 창시자 자리를 놓고 총성 없는 전쟁을 벌인다.

발단은 1684년, 라이프니츠가 《학술기요》에 미분을 최초로 발표하면서부터였다. 이를 본 뉴턴 측은 즉각 발끈한다.

● ● ●

8년 전, 뉴턴은 라이프니츠에게 편지를 보낸다. 여기에는 미분의 아이디어가 실려있었다. 라이프니츠는 존경하는 선배에게 미분을 구

23 주역에서는 주로 $2^6=64$궤를 사용한다.

체적으로 설명하는 답장을 보낸다. 하지만 화기애애했던 이 편지는 향후 서로에게 우선권 논쟁의 빌미가 된다. 뉴턴 측에서 라이프니츠가 아이디어를 베꼈다고 발끈하자 라이프니츠도 역으로 발끈한다. 뉴턴이 연구 결과를 가로챘다는 것이었다.

영국 왕립학회장 뉴턴과 베를린 학술원장 라이프니츠의 미적분 우선권 논쟁은 **영국** vs **독일**이라는 국가적 자존심 싸움으로 번지게 된다. 하지만 국력과 학계의 권위에서 라이프니츠는 뉴턴의 상대가 될 수 없었다.

왕립학회에서 라이프니츠는 또 다른 표절 시비에 휘말린다. 1673년에 발표한 라이프니츠 급수는 영국의 제임스 그레고리가 1671년에 발표한 아크 탄젠트 급수에서 $x = 1$을 대입하면 뚝딱 만들어진다.

아크 탄젠트 급수

$$\tan^{-1}x = x - \frac{x^3}{3} + \frac{x^5}{5} - \frac{x^7}{7} + \cdots$$

"혹시 미적분도 베낀 거 아냐?"

표절 의심은 미적분으로 번지게 되고, 이에 화가 난 라이프니츠는 왕립학회에 미적분 우선권 판단을 제기하지만, 왕립학회는 회장님이었던 뉴턴의 손을 들어준다.

표절자라는 불명예를 안게 된 라이프니츠는 설상가상으로 하노버와 프로이센의 지원마저 끊겨버린다. 여기저기 프로젝트만 벌여 놓고 수습이 안 되자 권력자들에게 신임을 잃은 것이었다. 이후 1716년, 라이프니츠는 비통과 울분 속에 70세의 나이에 쓸쓸히 생을 마감한다. 장례식에는 화려했던 명성이 무색하게 비서 한 명만이 참석했다.

11년 후 떠나게 되는 아이작 뉴턴의 국장급 장례식에 비하면, 너무나 초라한 죽음이었다.

● ● ●

훗날, 뉴턴과 라이프니츠는 각기 다른 방식의 미적분 창시자로 인정받게 된다. 뉴턴은 역학의 도구로서의 미적분을, 라이프니츠는 함수의 변화율로서의 미적분을 독립적으로 연구한 것이었다.

오늘날 교과과정에서는 $\frac{dy}{dx}$, $\int$ 등 효율적인 기호를 사용하는 라이프니츠의 미적분을 채택하고 있다. 영국은 미적분 우선권 전쟁에서 승리했지만, 뉴턴의 미적분을 고집하다가 수학이 100년 이상 뒤처지게 된다.

미적분만 놓고 보면 최후의 승자는 **라이프니츠**라 할 수도 있다. 큰 의미는 없다.

오일러

눈을 감고 우주를 본 현인

"저 키클롭스는 계산만 할 줄 알지! 볼테르, 자네가 한 수 지도해주게!"

프리드리히 대왕은 오일러를 그리스 신화에 나오는 외눈박이 거인 '키클롭스'라고 놀려대곤 했다. 세계 최고의 지성에게 신체장애를 비하한 발언을 하다니! 이는 사실 수포자였던 왕이 열폭한 것이었다.

야콥 엠마누엘 한트만, 오일러의 초상화
1756, 국립 독일 박물관

이번 수업은 두 눈을 잃고도 수학사에서 가장 압도적이었던 수학자, 레온하르트 오일러 이야기다.

베르누이 패밀리

1707년, 오일러는 스위스 바젤에서 칼뱅교 목사였던 폴 오일러의 아들로 태어난다. 아버지뿐만 아니라, 외할아버지도 목사였기에 오일러의 꿈은 일단 목사였다.

그런데 꼬마 오일러가 웬만한 시와 연설문쯤은 줄줄 외우고, 10자리 이상의 암산쯤은 가뿐히 하는 천재성을 드러내는 것이었다. 이에 아버지는 지인이자 로피탈 정리를 만든 수학자 요한 베르누이에게 오일러를 데리고 간다.

베르누이라니?!

수업 시간에 너무 많이 들어 본 베르누이라는 이름은 3대에 걸쳐 8명의 세계적인 수학자(겸 과학자)를 배출해낸 이과계 최고의 가문의 여러 수학자 중 한 명이었다. 이 중 대체로 많이 알려진 삼총사는

야곱 베르누이 | 요한 베르누이 | 다니엘 베르누이

였으며, 야곱의 동생이 요한, 요한의 아들이 다니엘이다.

이 중 요한 베르누이를 만난 꼬마 오일러! 떡잎부터 달랐던 오일러는 베르누이가 하나를 알려주면 10개를 알아버리는 총명함을 보여준다. 이후 오일러는 고작 13살의 나이에 요한 베르누이 교수가 재직 중인 바젤대학에 입학했으며, 아버지의 뜻에 따라 신학을 전공한다.

한편 요한 베르누이는 매주 토요일마다 오일러를 불러 수학 질문

을 받아주었는데, 시간이 지나자 맞질문하는 사이가 된다.

"해석학의 기초만 가르쳤을 뿐인데, 최고 수준으로 진화하다니!"

요한은 오일러의 천재성에 혀를 내두른다. 하지만 여전히 아버지는 오일러가 목사가 되길 원했고, 이에 요한 베르누이는 아버지를 찾아가 집요하게 설득한다.

"아버님, 오일러는 수학의 역사를 바꿀 재목입니다!"

아버지는 존경하는 베르누이 교수의 뜻을 받아들였고, 오일러도 본격적으로 수학 공부를 시작한다. 그 결과 16살에는 데카르트와 뉴턴의 철학을 비교한 논문으로 석사학위를 획득하고, 19살에는 음향의 전파를 다룬 논문으로 박사학위를 획득했다. 20살에는 파리 과학 아카데미가 개최하는 국제 수학 대회에 참가해 2등이라는 성적을 거두었는데, 이 대회의 미션은 **"배가 항해할 때, 바람의 추진력이 최대인 돛대의 위치를 찾아라"**였다. 대회에는 당시 유럽의 쟁쟁한 수학자들이 참가했으며, 스위스는 내륙국이라 오일러가 바다를 본 적이 없다는 사실을 감안하면, 실로 놀라운 성과였다.

바젤 문제와 리만 가설

수학계의 라이징 스타로 떠오른 오일러! 20살에는 다니엘 베르누이의 초청으로 피오트르 대제가 설립한 러시아 과학 아카데미의 의학부에 입성하게 된다. 베르누이 삼총사 중 세 번째 인물인 다니엘은 스승 요한 베르누이의 아들로 유체역학의 베르누이 법칙을 만든 인물이자 오일러의 절친이었다. 이후 26살에는 다니엘이 러시아를 떠나게 되면서 후임으로 오일러가 수학과장이 된다. 수학자 오일러의 활약은 이때부터 본격적으로 시작된다. 당시 수학계의 화두 중 하나는 '**바젤 문제**'였다.

바젤 문제란 제곱수의 역수의 무한 합으로, 삼총사 중 첫 번째 인물, 야곱 베르누이가 바젤대학 근무 시절 출제하여 '바젤 문제'로 불리게 된 것이었다.

당시 수학자들은 답이 1.64 정도라는 건 알아냈지만, 정확한 값을 찾지 못했는데, 젊은 수학자 오일러가 바젤 문제의 정확한 답이 $\frac{\pi^2}{6}$ 임을 밝혀낸다.

바젤 문제와 답

$$\frac{1}{1^2}+\frac{1}{2^2}+\frac{1}{3^2}+\frac{1}{4^2}+\cdots=\frac{\pi^2}{6}$$

수학자들은 원주율 π의 갑작스러운 등장에 놀라고, 사인sin과 로그log를 이용한 창의적인 증명에 거의 기절한다. 오일러는 오일러 상수 γ도 발표한다. γ는 자연수의 역수의 합(조화급수)과 자연로그의 차의 극한으로 근삿값이 0.5772이며, 수학자들은 π, e, γ를 묶어 '수학의 3대 중요한 상수'로 칭하는데, 모두 오일러와 관련된 것들이다.

한편, 바젤 문제와 오일러 상수는 모두 제타 함수 $\zeta(s)$에서 나왔다. 제타 함수는 자연수의 s제곱의 역수의 무한 합으로 $s=1$이면 조화급수, $s=2$이면 바젤 문제가 된다.

제타 함수

$$\zeta(s) = \sum_{n=1}^{\infty} \frac{1}{n^s} = \frac{1}{1^s} + \frac{1}{2^s} + \frac{1}{3^s} + \frac{1}{4^s} + \cdots$$

오일러는 제타 함수를 발전시켜, 오일러 곱셈공식을 만들어냈으며, 130년 후, 이 공식 덕분에 가우스의 제자이자 또 한 명의 천재 수학자 리만이 역사상 가장 악명높은 문제를 만들어낸다. 문제의 이름은 다음과 같다.

"리만 가설"

쾨니히스베르크의 다리

1735년 한참 수학에 물이 오른 오일러는 전설의 '쾨니히스베르크의 다리' 문제를 만난다.

> 쾨니히스베르크의 프레겔 강이 흐르고 7개의 다리가 놓여있는데, 모든 다리를 한 번씩만 거치며 지나가는 경로가 존재하는가?

많은 사람들은 이 문제를 풀기 위해, 신발이 마르고 닳도록 다리를 넘나들었지만 번번히 실패!

오일러가 나타나 딱 잘라 말한다.

"그런 경로는 없습니다!"

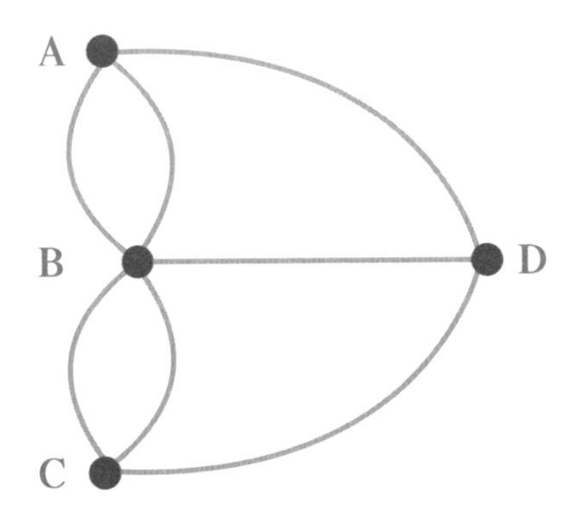

쾨니흐스베르크의 다리 문제

오일러는 다리에 연결된 지역을 점으로 보고, 다리를 선으로 연결하는 그래프 이론을 도입하여 연결된 선이 홀수 개인 점을 '홀수점'이라 할 때, 한붓그리기가 가능한 경로는 홀수점이 2개이거나 없어야 한다고 주장했다. 이에 따르면 쾨니히스베르크의 다리 문제는 홀수점이 4개나 되어 한붓그리기가 불가능한 것이었다.

또한 체스 게임에서 나이트가 체스판 위의 모든 사각형을 한 번씩만 지나는 경로의 수를 구하는 '나이트 투어' 문제도 오일러의 작품이었다.

오일러가 제안한 그래프 이론과 한붓그리기로 대표되는 '회로 이론'은 도형을 주물러서 변형하는 고무판 기하학 위상수학topology의 시발점이 되었다.

기하학에서 오일러의 또 다른 위상은 '오일러 선', '오일러 다면체 공식'이다. 오일러 선은 삼각형의 수심과 외심, 무게중심은 한 직선 위에 있다는 이론이며, 오일러 다면체 공식은 다면체의 꼭짓점(v), 모서리(e), 면(f)[24] 사이의 관계식으로 다음과 같다.

오일러 다면체 공식

$$v - e + f = 2$$

24 꼭짓점(v) = vertex, 모서리(e) = edge, 면(f) = face

교과과정에 나오는 모든 다면체는 물론 2002년 한일 월드컵에 사용된 피버노바 축구공은 12개의 정오각형과 20개의 정육각형으로 만든 복잡한 다면체로, 꼭짓점(v)이 60개, 모서리(e)가 90개, 면(f)이 32개이므로 $\boldsymbol{v(60)-e(90)+f(32)=2}$가 된다. 오일러에게 예외는 없다.

계몽군주 전성시대

러시아에서 수학과장으로 승진한 이듬해, 27살의 오일러는 화가 게오르그 그셀의 딸 카타리나와 결혼하여 안정된 가정을 이루고, 수학 연구에 미친 듯이 몰입한다. 하지만 너무 과로한 탓에 오일러는 28살에 그만 오른쪽 눈을 실명하고 만다. 이때부터 오일러의 초상화에는 한쪽 눈이 감겨져 있다.

한편, 오일러가 살았던 18세기는 소위 계몽주의 시대였다. 전 세계적으로 과학은 물론 인문학 전반에서 라부아지에, 달랑베르, 허셜, 칸트, 로크, 루소, 볼테르 등등 역대급 지식인들이 쏟아지며, 이성의 시대가 열리기 시작했다.

많은 군주들은 "지식은 국력"이라는 슬로건으로 ○○아카데미를 만들어 지식인들을 모으고, ○○편찬 사업 등등을 벌이는데! 대표적인 계몽 군주로는 이들이 꼽힌다.

프로이센의 **프리드리히 대왕** | 러시아의 **예카테리나 여왕**

●●●

1701년 건립 이후, 아직까지 벤처기업 분위기였던 프로이센 왕국은 1740년에 28세의 프리드리히 2세가 즉위하면서 대기업(강대국)으로의 도약을 꿈꾸게 된다. 그 일환으로 베를린 아카데미에 오일러급의 과학자와 볼테르급의 문필가를 모셔 오기로 한다. 오일러는 젊은 벤처사업가의 열정적인 설득에 반해, 14년간 정들었던 러시아를 떠나 프로이센의 베를린 아카데미로 향한다.

오일러는 프리드리히의 확실한 지원으로, 수학, 과학 연구에만 몰입하게 되…될 줄 알았지만, 벤처기업 여건상, 세무, 행정, 노무는 물론 궁전의 조경 관리까지 열일을 해야만 했다. 또한, 프리드리히는 프랑스 출신의 베스트셀러 작가였던 볼테르에게 오일러 연봉의 몇 배를 주며 특급 연예인 대우를 해주었고, 틈만 나면 볼테르 앞에서 오일러를 놀려대곤 했다.

"저 키클롭스는 계산만 할 줄 알지. 볼테르, 자네가 한 수 지도해주게!"

키클롭스는 그리스 신화에 나오는 외눈박이 거인으로, 오일러의 시각 장애를 비하하는 말이었다. 수포자였던 왕이 사실 열폭한 것이었다.

'이럴 줄 알았으면…'

보통 같으면, 당장 러시아나 고국으로 유턴했겠지만, 인품 장인 오일러 선생님은 잡무와 모독에 시달리면서도 베를린에서 25년간 근속하며 약 380편의 논문과 엄청난 학술적 성과를 낸다. 또한, 프리드리히 대왕의 여조카였던 안할트-데사우의 공주에게 편지로 수학(과학)을 지도했는데, 이 편지 200여 통이 모여《독일 공주에게 보내는 편지》라는 베스트셀러가 되어, 유럽 여성들의 수학(과학) 계몽서로 활용된다.

• • •

1756년, 오늘날 폴란드 지역의 슐레지엔을 두고 유럽국들이 좌충우돌한 18세기 판 세계대전 '7년 전쟁'이 발발하며 두 나라가 충돌하는데!

러시아 vs 프로이센

하필이면 오일러가 몸담았던 나라들이었다. 이 전쟁에서 러시아가 승리하면서, 프리드리히 대왕은 애정하던 부동산 슐레지엔을 빼앗길 위기에 처한다. 그런데 1762년에 러시아의 여왕 옐리자베타가 서거하고 왕위를 승계한 표도르 3세는 프리드리히의 찐팬임을 자처하며, 뜻밖의 양보를 한다.

"슐레지엔은 형님 껍니다."

이런 분위기로 프리드리히에게 슐레지엔을 넘겨주는 표도르 3세! 이 사건이 바로 '**브란덴부르크 가의 기적**'이다. 이후 프리드리히는 완벽하게 부활하여 프로이센을 대기업(강대국)으로 성장시켰으며, 오늘날 독일인에게 가장 존경받는 '프리드리히 대제'로 불리게 된다.

한편 표도르 3세를 왕으로 둔 러시아 국민들은 얼마나 황당했을까! 7년 동안 뭘 했냐는 불만이 쏟아져 나왔다. 가장 격분했던 사람은 표도르 3세의 부인, 예카테리나였다. 분을 이기지 못한 그녀는 쿠데타를 일으켜 왕위에 오르고 표도르 3세를 저세상으로 보내버린다. 이분이 바로 '예카테리나 여왕'이었다. 예카테리나는 즉위하자마자 성공한 벤처기업인 프리드리히를 벤치마킹하며, 계몽 군주를 하겠다는 명목으로 프로이센에 빼앗겼던 ~~부동산~~ 오일러 찾기 프로젝트에 돌입한다.

25년 동안 오일러는 러시아를 떠나 있었지만 러시아는 오일러에게 꾸준히 연구비를 보내주었다. 7년 전쟁 당시에도 러시아가 베를린을 점령하면서 오일러의 농장이 파손되는 일이 있었는데, 농장주가 오일러임을 알고 즉각 보상해주었으니! 오일러에게 러시아는 언제나 마음의 고향이었다.

오일러는 프로이센을 떠나며, 프리드리히에게 후임자로 프랑스의 신성이자 훗날 역대급 수학자가 되는 라그랑주를 소개해준다. 그러나…

"외눈박이 괴물이, 두눈박이 괴물로 바뀌었네."

프리드리히는 오일러가 떠나는 순간까지 농담 같지도 않은 막말을 했다.

1766년 59세에 러시아 과학 아카데미로 컴백한 오일러! 이제야 제대로 수학 공부에 집중할 수 있게 되지만, 5년 후 64세에는 남은 한쪽 눈의 시력마저 잃게 된다.

"이제 두 눈이 똑같아지니, 편해졌네."

오일러는 시력을 잃은 후, 웬만한 계산은 암산하면서, 제자와 손주의 손을 빌려 일주일에 한 편꼴! 더 열정적으로 논문을 만들어낸다.

세상에서 제일 아름다운 공식

오일러는 음악에 관한 다수의 논문을 썼을 정도로 음악에도 조예가 깊었고, 음악을 수학에 편입시키려 했다. 그래서 그런지 오일러의 많은 업적들은 천재의 다양한 발상을 콜라보한 교향곡처럼 느껴진다.

수학에서 변분법, 복소함수론, 해석적 정수론, 피 함수와 감마 함수, 오일러-페르마, 오일러-라그랑주 정리, 소수의 밀도, 생성함수와 정수의 분할, 조합론의 완전순열과 재귀함수, 심지어 벤 다이어그램도 오일러의 발상이다.

대중들은 오일러를 수학자로 기억하지만, 그가 남긴 논문의 절반 이상은 **천문학, 광학, 전자기학, 유체역학, 건축공학, 음향학, 논리학**

등 수학 이외의 영역이었다.

오일러를 과학사의 가장 창조적인 천재로 각인시킨 작품은 수학을 대표하는 다섯 수 1, 0, i, π, e의 교향곡 '오일러 공식'이다.

오일러 공식

$$e^{i\pi} + 1 = 0$$

20세기 최고의 물리학자 리처드 파인만은 이를 '수학의 가장 빛나는 보석'이라 극찬했으며, 1988년에 미국의 수학 잡지 《매스매티컬 인텔리전서》는 피타고라스 정리, 근의 공식 등 쟁쟁한 공식 24개를 최종 후보로 올리고 2년이라는 투표 대장정 끝에 그리 놀랍지도 않은 뉴스를 전한다.

"세젤아[25] 공식은 오일러 공식입니다."

오일러는 수학계의 가장 창조적인 천재로 종종 '수학의 모차르트'로 불린다. 한편 청력을 잃고도 '영웅', '운명', '전원'은 물론 가장 아름다운 교향곡 '9번 합창'으로 웅장한 음악을 완성해낸 악성樂聖[26] 베토벤에도 비유된다.

25 세상에서 제일 아름다운 공식이라는 뜻으로 당시 표현으로는 most

26 음악의 성인이라는 뜻

●●●

1783년 9월 18일, 76세의 노학자 오일러는 이날도 일상을 즐기고 있었다. 손주들에게 수학을 가르쳐주었고, 제자들과 열기구의 비행 문제, 천왕성 궤도의 계산을 하고 있었다. 파이프 담배를 피우던 오일러는 머리가 뜨거워지는 걸 직감하고 이렇게 말한다.

"나는 곧 죽는다."

위대한 수학자의 마지막 말이었다. 프랑스의 철학자 콩도르세는 추도사에서 "죽음이 마침내 오일러의 계산을 멈추게 했다"라고 언급했다.

오늘날 학교 교과서에는 많은 수학 기호가 등장한다.

$$\sin x, \cos x, \tan x, e, i\,\pi, f(x), \ln x$$

이들 대부분은 오일러가 만들거나 대중화시켰으며, 미국의 수학자 클리퍼드 트루스델(1919~2000)은 **"18세기 수학, 과학의 $\frac{1}{4}$은 오일러가 집필했다."**라고 말했다.

스웨덴 수학자 에네스톰은 1910년부터 4년간 오일러의 방대한 자료를 866편으로 분류하여 '에네스톰 넘버'를 붙여가며 정리한다. 오일러의 모국 스위스의 오일러 위원회에서는 1911년부터 《오페라 옴니아》라는 전집을 발간하기 시작했는데, 지금까지 80여 권이 제작되었으며 아직도 진행 중이다.

21세기 디지털 시대가 열리면서 2002년에는 미국에서 '오일러 협회'가 결성되었고 두 대학원생이 주축이 되어 오일러의 자료를 디지털화하기 위한 오일러 아카이브라는 웹사이트를 만들었으며, 여기에서도 '에네스톰 넘버', 《오페라 옴니아》를 볼 수 있다.

오늘날 스위스와 러시아에서 오일러는 대표적인 위인으로 평가된다. 우표와 화폐에 오일러가 등장하는 것도 그리 놀랍지 않다.

오일러를 한마디로 정의한다면 다음과 같다.

"눈을 감고 우주를 꿰뚫은 사람"

가우스

수학의 고트로 불리는 이름

이날도 꼬마 가우스는 아침부터 수학을 공부하고 있었다. 이때, 갑자기 나타난 아버지가 가우스를 발견하고 소리를 지르며 혼을 낸다.

카를 프리드리히 가우스
1777~1850, 독일

**"하라는 노가다는 안 하고,
수학을 공부해?!"**

아버지는 늘 가우스가 수학을 공부하는 걸 못마땅해하는데…

이번 수업은 '위대한 수학자' 하면 일 순위로 꼽히는 이름.

수학의 GOAT! 카를 프리드리히 가우스의 이야기다.

공작님은 최고의 영웅

가우스는 1777년, 브라운슈바이크 공국에서 가난한 벽돌공 게브하르트의 아들로 태어난다. 한편, 가우스가 태어날 무렵 미국은 독립전쟁(1775~1783)[27]으로 몸살을 앓고 있었다. 그의 조국 브라운슈바이크 공국은 오랜 사치와 향락으로 파산 직전이었으며, 설상가상으로 지도자 카를 1세 공작은 중풍에 걸리게 된다. 이에 아들 페르디난트는 공작 권한대행을 맡고 국가 부도를 막고자 사방팔방으로 노크했으나 역부족이었다.

하지만 하늘이 도왔는지 대영제국의 왕 조지 3세가 미국 독립전쟁에 파병을 요청했고, 페르디난트가 '젊은 병사 판매 계약서'에 서명하면서 브라운슈바이크는 충분한 재정을 확보하게 된다. 페르디난트는 정식으로 공작 직위를 물려받자마자 과학기술 개발로 부국강병을 이룬다는 포부를 밝힌다. 이처럼 나라가 인재를 원할 무렵 세기의 천재 가우스가 태어났으니, 과학 강국이 되는 것은 정해진 운명이었다.

27 대영제국과 아메리카 대륙의 식민지와의 전쟁. 이후 미국이 탄생하게 된다.

● ● ●

가우스는 어렸을 때부터 우주 대천재였다. 다섯 살 때, 아버지 장부에서 계산 오류를 찾아냈으며 초등학생이던 아홉 살 즈음, 학교에서 수학 선생님이었던 뷔트너가 칠판에 1부터 100까지의 자연수의 합을 구하라는 문제를 적고, 좀 쉬려고 하는데…

"5050이요."

가우스가 눈치 없이 몇 초 만에 풀어버린다. 훗날 가우스는 어린 시절의 천재성에 대한 일화가 언급될 때면 자신은 말보다 계산을 먼저 배웠다고 허풍(?)을 떨기도 했다.

이 정도의 우주 대천재를 낳은 부모님은 얼마나 뿌듯했을까? 하지만 예상과 달리 아버지는 가우스가 수학을 공부하는 것을 못마땅해했고, 자신처럼 기술을 배워 일찍 밥벌이하길 원했다. 심지어 수학을 공부하다가 걸리면 훈육을 하기도 했다.

하지만 가우스의 엄청난 천재성을 경험한 수학 선생님 뷔트너는 아버지를 찾아가 집요하게 설득한다.

"50년 가르치면서, 이런 천재는 처음입니다."

아버지는 드디어 허락했고, 가우스는 중등 교육기관 김나지움에 입학한다. 그런데 학교 교육은 수준이 맞지 않아, 1학년 과정은 바로 패스하고, 선생님보다 수학을 잘하는 천재로 이름을 알리게 된다. 그리고 이 소문은 마침내 페르디난트 공작에게 전해진다.

"뉴턴이 될 만한 아이가 나타났다고?!"

페르디난트는 가우스를 궁전으로 불러 환대해주었고, 브라운슈바이크의 미래를 짊어질 14살 소년에게 고등교육까지 후원을 약속하며, 최신형 로그표를 선물한다. 전자계산기가 없던 시절 로그표는 곱셈을 덧셈으로 바꾸어 주는 계산기였으니, 요즘으로 치면 높은 분에게 최신형 컴퓨터를 선물 받은 것! 가우스에게 공작님은 최고의 영웅이었다.

정수론은 수학의 여왕

페르디난트를 만난 이후, 가우스는 15살의 나이에 공작님의 궁전이 바라보이는 카롤링학교에 진학하여 수학에 푹 빠져 지낸다. 공작님이 물심양면으로 지원해주었지만, 한편으로 가우스의 꿈은 괴팅겐 대학에 진학하는 것이었다. 지금이야 브라운슈바이크에서 괴팅겐은 같은 독일 내의 도시지만, 작은 공국 시대였던 당시에는 K리그에서 키워 놓으니 해외 리그 진출을 꿈꾼 격이었다. 페르디난트는 섭섭하기도 했지만, 더 큰물에서 최고가 되라는 의미로 지원금을 올려준다.

그리고 마침내 1795년, 18살의 가을에 가우스는 꿈에 그리던 괴팅겐에 입성한다. 최고의 대학 괴팅겐에서 가우스는 물 만난 고기처럼 왕성하게 연구하였으며, 한 학기가 지난 19살의 봄, 가우스는 첫 성과를 낸다.

정17각형의 작도 가능성 증명!

이는 고대 그리스부터 내려오던 작도의 난제였다. 종이에 자와 컴퍼스로 그리다가 발견한 것이 아니라, p가 '페르마 소수'일 때 p각형의 작도가 수학적으로 가능하다는 수학적 증명이었다. 페르마 소수란 $p = 2^{2^n} + 1(n = 0, 1, 2, 3, 4)$인 소수로 풀어서 쓰면 **3, 5, 17, 257, 65337**인데, 가우스에 따르면 정17각형은 물론, 정257각형과 정65537각형의 작도도 이론적으로 가능한 것이었다.

괴팅겐에서 3년의 시간을 보내고 공작님께 보답하고자 브라운슈바이크로 돌아온 가우스는 정수론에 집중한다. 그 결과 24살(1801년)에 《산술 연구》를 출간한다. 이는 정수론을 수학의 중심으로 끌어올린다.

이 중 '시계 계산법'으로 불리는 모듈러 산술modular arithmetic로 가우스는 정수론의 많은 이론을 만들어낸다.

$$\boldsymbol{a \equiv b(mod\ n)}$$

모듈러 산술이란, 나머지가 같은 두 수를 같다고 보는 것으로, 시계에서는 3시와 15시는 12로 나눈 나머지가 같으므로 같은 시각이 되며, 다음과 같이 표현된다.

$$3 \equiv 15 (mod\ 12)$$

또한 이차 상호법칙도 모듈러 산술의 대표작이다.

$$\left(\frac{q}{p}\right)\left(\frac{p}{q}\right) = (-1)^{\frac{p-1}{2} \cdot \frac{q-1}{2}}$$

이와 같이 표현되는 이차 상호법칙은 가우스가 여덟 가지 방법으로 증명하여 '황금정리'라고도 불리며 오늘날 암호학에 사용되고 있다.

가우스의 인생작은 대수학의 기본 정리를 증명한 것이었다.

대수학의 기본 정리

(1) 복소계수 다항방정식은 복소수 근을 갖는다.

(2) n차 다항방정식은 n개의 근을 갖는다.

참고로 이 정리는 오늘날 고등학생이면 당연하게 받아들이고 있지만, 증명은 그리 쉬운 게 아니다. 오랜 시간 동안 달랑베르, 오일러, 라그랑주, 라플라스 등 레전드 수학자들이 도전과 오류를 반복했고 가우스가 마침내 증명[28]에 성공하여 방정식의 역사에 한 획을 그었다. 가우스는 이를 인정받아, 브라운슈바이크의 헬름슈테트대학에서 박사학위를 받으며, 공작님과 기쁨을 나눈다.

한편 가우스는 로그표와 소수표에서 전혀 무관할 것 같은 로그와 소수의 개수 사이에 숨겨진 비밀을 추측하는데, 이게 바로 소수정리다.

소수정리

n(자연수) 이하의 소수의 개수를 $\pi(n)$이라 할 때

n이 커질수록, $\pi(n)$은 $\dfrac{n}{\log n}$에 가까워진다.

가우스의 소수정리는 애제자였던 리만의 역대급 난제 리만가설로 이어지며, 200년 가까이 수학자들을 괴롭히고 있다.

정수론에 대한 가우스의 자부심과 사랑은 특별했다.

"수학은 과학의 여왕이고, 정수론은 수학의 여왕이다."

황제 자리는 자신의 몫이라 생각했을지도 모르겠다. 아직까지 풀

28 현대 수학의 관점에서 가우스의 증명도 결함이 발견되었다.

리지 않은 수학의 난제 중 다수는 정수론의 문제이며, 20세기 말 정수론은 정보학, 암호학을 필두로 디지털 세상의 중심으로 부상한다. 가우스가 없었다면 21세기는 여전히 아날로그 세상이었을 것이다.

괴팅겐 천문대장

기원후 2세기에 만들어진 프톨레마이오스의《알마게스트》는 천동설을 핵심으로 하는 우주학 교과서로 약 1400년간 유럽을 지배했다. 이후 코페르니쿠스, 케플러, 갈릴레이를 거치며 지동설의 시대가 열렸고, 세기의 영웅 뉴턴은《프린키피아》에서 천체의 운동은 신의 뜻이 아니라 역학 법칙으로 설명된다고 말한다. 이후 오일러, 라그랑주, 라플라스 등 거장들의 최대 이슈는 우주론이었으며 젊은 날의 가우스도《프린키피아》를 읽고 천문학자의 꿈을 키워 나간다.

수금지화 목토천해

태양계의 행성 앞 글자를 태양과 가까운 순서대로 수성부터 해왕성까지 나열한 것이다. 화성과 목성 사이에 빈칸이 있는 것은 네 글자씩 운율을 맞추고, 화성과 목성 사이의 간격이 유독 넓다는 것을 강조하기 위한 저자의 '드립'이다.

당시 천문학자들은 행성들의 간격이 일정한 수열을 이루고 있다는 '티티우스-보데의 추측'을 바탕으로 간격이 넓은 화성과 목성 사이에 뭔가 행성이 존재할 것이라는 신념을 가지고 있었다. 여기에 가우스가 《산술 연구》를 출판하던 1801년, 천문학자 피아치가 화성과 목성 사이의 소행성 세리스ceres를 발견하여 천문학계의 이목이 집중된다. 그런데 얼마 후, 세리스가 태양 속으로 숨어 버린다.

천문학계는 어렵게 발견한 행성(?), 세리스가 사라지자 이를 찾기 위해 혈안이 되지만, 좀처럼 찾을 수 없었다. 이때 24살의 청년 가우스는 '**최소제곱법**'[29]을 이용하여 세리스가 나타날 시간과 위치를 예측했으며, 예측이 적중하자 가우스는 천문학계의 신성으로 떠오른다.

1805년 28세의 가우스는 연인 요하나 오스토프와 결혼하고, 이듬해에는 평생의 은인 페르디난트가 나폴레옹 전쟁에서 부상을 입고 끝내 사망한다.

하지만 기쁨과 슬픔을 뒤로하고 수학과 천문학 연구에 매진한 가우스는 1807년에는 30살의 나이에 괴팅겐대학 교수 겸 천문대장으로 발탁되어 안정된 환경에서 수학, 과학에 몰입할 수 있게 된다. 가우스는 여세를 몰아 32살에 두 번째 걸작 《천체운동론Theoria motus》을 출시하여 8년 전, 세리스 궤도를 예측했던 최소제곱법의 비밀을 세상에 밝히며 최고의 천문학자 권좌에 오르게 된다.

하지만 같은 해 10월, 아내 오스토프가 셋째를 출산하다 사망했으며, 이듬해 3월에는 셋째마저 사망한다. 8개월 후, 가우스는 아내와 친했던 11살 연하(당시 22세)의 귀족 아가씨 민나 발데크와 재혼한다.

29 관찰 기록과 계산의 오차를 제곱하여 더한 합의 최솟값을 예측하는 방법

이후, 가우스는 평생을 괴팅겐 천문대장으로 재직했으며 괴팅겐은 가우스를 필두로 수학의 디리클레, 리만, 힐베르트, 물리학의 막스 플랑크, 오토 한, 하이젠베르크 등 거장들을 배출하며 19세기 이후 가장 압도적인 수학, 과학의 메카로 발전하게 된다.

역사가들은 독일에 '라인강의 기적' 이전에 '괴팅겐의 기적'이 있었다고 평하는 데, 그 출발점은 가우스였다.

전자기학의 가우스 법칙

천문학 연구를 하던 가우스의 관심사는 측지학으로 이어진다. 측지학$_{\text{geodesy}}$이란 땅을 쪼갠다는 의미로 땅$_{\text{geo}}$을 측정하는 기하학$_{\text{geometry}}$과 같은 어원이다. 천재의 호기심이 하늘에서 땅으로 내려온 것이었다. 이에 39세의 가우스는 하노버 왕국의 삼각측량 프로젝트에 참여하게 된다. 삼각측량이란 모든 도형이 삼각형으로 쪼개어지듯, 세 지점을 삼각형으로 연결하여 측량하는 것이었다.

같은 시기, 시베리아에서 남미대륙을 넘나들었던 '지리학의 대명사' 알렉산더 훔볼트는 '지리부도'를 만들고자 했던 야심가였다. 가우스는 훔볼트의 추진력이, 훔볼트는 가우스의 수학 실력이 필요했기에 두 거장은 측지학 연구에 힘을 모으기로 한다.

가우스는 빛을 모으는 회광기$_{\text{heliotrope}}$를 개발하여, 측지학 연구에 속도를 냈으며, 지구는 하나의 대왕 자석임을 알고 있었기에 측지학 연구는 자연스럽게 '지구자기장'과 '전자기학' 연구로 발전한다. 수학과 천문학에 측지학까지 눈코 뜰 새 없었던 가우스는 훔볼트의 소개로 조교를 소개받는데, 이름은 빌헬름 베버! 오늘날 전자기학의 개척자 중 한 명으로 평가받는 인물이다.

가우스 × 훔볼트 × 베버

천재들의 시너지는 엄청났다. 이들은 전신기를 발명하여 괴팅겐과 관측소를 연결했고, 자기 기록계를 만들었으며, '자기 학회'를 설립하여, 지구 자기를 표준화한다.

오늘날, 전자기학의 대명사는 맥스웰(1831~1879)[30] 이다. 맥스웰은 전기와 자기, 빛의 삼각관계를 수학으로 풀어낸 역대급 물리학자이며, '맥스웰 방정식'은 과학자들이 뽑은 가장 아름다운 수식 중 하나다. 그런데 그 유명한 **맥스웰의 전자기장 4대 방정식** 중 첫 번째는 '**전기장의 가우스 법칙**', 두 번째는 '**자기장의 가우스 법칙**'이다. 또한 오늘날 사용하는 CGS 단위계[31] 는 가우스가 제안하였으며, 이 중 가우스(G)라는 단위는 자기장의 단위다.

이는 전자기학도 사실상 가우스가 접수(?)했다는 의미! 또한 가우스의 곡면 연구는 비유클리드 기하학을 발전시켰으며 훗날 리만의 미분기하학과 아인슈타인의 '상대성이론'으로 뻗어 나간다.

30 전기와 자기를 통합시킨 전자기학의 아버지
31 CGS 단위계는 Cm, Gram, Sec를 사용한다.

드물지만 성숙하게

가우스는 기하학, 정수론, 천문학, 측지학, 전자기학 외에 해석학과 통계학에도 큰 업적을 남겼다. 가우스의 평균값 정리, 정규분포곡선, 가우스 적분 등이 이를 말해준다.

이 정도면 최고의 수학자로 가우스를 뽑아도 손색이 없을 것이다. 하지만 어떤 사람들은 교과서의 많은 기호를 만들고 866편의 엄청난 논문을 남긴 "오일러"를 연호하며, 이에 대한 논쟁을 벌일 것이다.

"Pauca sed matura(드물지만 성숙하게)"

이는 수학을 대하는 가우스의 지론이었다. 업적의 양에서는 오일러가 압도적이지만, 가우스는 평소에 스케일과 완성도가 높지 않은 이론은 좀처럼 발표하지 않는 성격이었다. 가우스의 제자로는 리만, 데데킨트 등이 있으며, 이들 또한 최고의 실력자로 성장했다.

가우스는 다른 수학자들을 좀처럼 인정하지 않았던 것으로도 유명하다. 르장드르가 '최소제곱법'을 자기가 만들었다고 하자 **"그런 건 100년 전에 나왔을 법한 건데"**라고 답했고, 친구의 아들 야노스 볼리아이가 '쌍곡기하학'을 만들었다고 하자 **"내가 예전에 다 연구했던 거야"**라고 말했다.

또한 많은 젊은 수학자들이 가우스에게 인정받고자 논문을 보냈는데, 이 중 요절한 두 천재 수학자 아벨(26세 사망)과 갈루아(20세 사망)의 논문을 읽지 않은 것으로도 유명하다. 하지만 이는 아벨과 갈루아의 삶이 워낙 기구한 탓에 야속해 보이는 것으로, 당시 세계 최고의 수학자 가우스가 쏟아지는 편지를 다 읽지는 못했을 것이다.

가우스는 6명의 자녀를 두었지만 아버지가 자신에게 그랬듯, 자식에게 차가운 아버지였다.

"할애비의 삶은 불행했단다."

말년에 손자에게 보낸 편지에서 가우스는 사람을 사랑하지 못했던 자신의 삶이 불행했다고 표현했다. 수학은 무한하지만 우주 대천재의 시간은 유한했다. 가우스는 1855년에 괴팅겐 천문대의 자택에서 조용히 눈을 감았다. 향년 78세였다.

가우스는 자신의 묘비에 어린 시절, 최고의 성과였던 정17각형을 새겨달라고 했으나, 원과 육안으로는 구분이 안 되어 석공이 17개의 날개를 단 별을 그려 넣었다. 훗날 독일에서 발행한 우표에는 그의 소원대로 정17각형이 그려져 있다. 육안으로는 그냥 원처럼 보이기도 한다.

괴팅겐이 위치한 하노버의 왕 조지 5세는 가우스를 기리며 기념메달을 제작했다. 여기에는 이렇게 쓰여 있다.

"하노버의 왕이, 수학의 왕에게"

아벨 × 갈루아

20대에 요절한 두 천재

앞서 삼차·사차방정식의 일반해를 구한 **타르탈리아, 카르다노, 페라리** 등 16세기 이탈리아 수학자들의 전쟁 같은 에피소드를 만나봤다. 이후 300년 가까이 많은 수학자들이 오차방정식의 일반해에 도전했지만, 100전 100패!

시간은 흘러 19세기 초! 아벨과 갈루아라는 두 젊은 천재가 혜성처럼 나타나고, 이들은 역발상을 통해 "오차방정식의 일반해는 존재하지 않는다"라고 선포한다.

이번 수업은 비슷한 시기에 역대급 성과를 내고, 너무 빨리 세상을 떠난 두 천재 수학자 **아벨**과 **갈루아**의 이야기다.

불행의 아이콘, 아벨

첫 번째 주인공, 아벨은 1802년에 노르웨이 오슬로 근교에서 가난한 목사의 아들로 태어난다. 아벨 하면, 창세기에 등장하는 아벨이 떠오른다. 인류 최초의 커플 아담과 하와는 두 아들 카인과 아벨을 둔다. 형이었던 카인은 하나님이 아벨의 제물만 받자, 질투가 폭발하여 아벨을 죽인다. 성경에 따르면 카인은 인류 최초의 살인자, 아벨은 인류 최초의 희생양이다.

이름 때문이었을까? 수학자 아벨의 삶은 불행의 연속이었다.

10대 후반, 어려운 환경이었지만 학교에 진학하여 수학 공부에 몰입하던 중, 아버지가 세상을 떠나고, 아벨의 환경은 수학을 접어야 할 만큼 더 어려워진다. 하지만 하늘이 도왔는지 수학 선생님이었던 홀름보에가 아벨의 특별한 재능을 알아보고 무료 개인 교습을 해주었으며, 덕분에 아벨은 재능을 키워 나갈 수 있었다.

이후 아벨은 홀름보에의 도움으로 크리스티아니아대학에 진학하여 방정식과 미적분에 탁월할 성과를 내며, 조기 졸업하게 된다. 대학 생활 동안 아벨의 머릿속은 **'오차방정식의 일반해는 없는 게 아닐까?'**라는 역발상으로 가득 차 있었다.

한편 아벨은 노르웨이 정부의 지원으로 수학 선진국이었던 프랑스와 독일에 유학할 기회를 얻게 된다. 당시 아벨에게는 사랑하는 연인 크리스틴이 있었는데, 세계적인 수학자인 독일의 가우스나 프랑스의 코시에게 인정받고 돌아온다는 약속을 하고, 유학길에 오른다.

선진국에서 실력자와 양질의 자료를 접하며 물 만난 고기가 된 아벨은 마침내 오차방정식의 일반해가 없다는 것을 알아냈으나, 알릴 방법이 없어 고민에 빠진다. 하지만 하늘이 또 도왔는지, 수학에 조예가 깊었던 저널리스트 크렐레를 만나게 된다. 아벨은 《크렐레 저널》에 다음과 같은 제목의 논문을 발표한다.

〈오차방정식의 일반해가 없음〉

하지만 인지도 부족, 설명 부족, 인쇄량 부족으로 기대만큼 퍼지지 못한다. 또한 아벨은 논문을 프랑스의 르장드르와 코시, 독일의 가우스에게 전달했지만, 르장드르는 논문의 내용을 잘 이해하지 못했고 코시와 가우스는 쏟아지는 수학 논문에 치어 아벨의 논문을 제대로 검토하지도 못한다.

아벨은 조급해졌고, 크리스틴과의 안정된 미래를 위해 교수직을 얻으려 사방팔방으로 노크하지만 이마저 답이 없었다. 결국 지병이었던 결핵이 크게 악화되어 큰 성과 없이 노르웨이로 유턴하게 된다.

● ● ●

1829년 1월, 아벨은 피를 쏟기 시작했고 크리스틴이 온 마음으로 간호했지만 역부족이었다. 같은 해 4월, 아벨은 크리스틴의 품에서 26세의 꽃다운 나이에 세상을 떠난다. 이틀 뒤, 베를린대학에서 편지가 도착한다. 교수직 임용통지서였다.

아벨의 업적은 10년 후, 홀름보에 선생님에 의해 《아벨 전집》으로 발간되었다. 오차방정식뿐만 아니라 **아벨 변환, 아벨적분, 아벨 판정법, 타원함수** 등 아벨의 위대한 업적들이 세상에 알려지게 되었다.

노르웨이 정부는 1929년에 아벨 사망 100주년 추모 우표를 발행하였으며, 노르웨이 500크로네 지폐에 아벨의 초상을 넣었다. 또한, 아벨 탄생 200주년 기념으로 '아벨상'을 제정하여 2003년부터 매년 수여하고 있다. 오늘날 아벨상은 필즈상, 울프상과 함께 3대 수학상으로 꼽힌다. 필즈상이 40세 이하의 젊은 수학자에게 주는 상이라면 아벨상은 나이 제한이 없는 평생의 업적에 대한 상이며 상금도 50만 달러, 필즈상보다 60배 많다.

불행의 아이콘 아벨은 부와 명예, 건강, 결혼 등 아무것도 이루지 못했지만, 아벨상으로 누구보다 명예롭게 부활했다.

새벽의 결투, 갈루아

두 번째 주인공 갈루아는 1811년에 파리 근교의 부르라렌 시에서 시장님의 아들로 태어났다. 그가 살던 시기는 프랑스 대혁명 이후 "**나폴레옹**과 **7월 혁명**"으로 상징되는 정치적 격변기였다.

어렸을 때부터 동네에서 수학 신동으로 유명했던 갈루아는 15살에 르장드르의《기하학 원론》을 이틀 만에 독파했다고 한다. 이 책은 수학도가 공부해도 2개월은 걸리는 전공 서적이었다. 하지만 수학을 제외한 다른 과목은 낙제 수준이었고 동급생이나 실력 없는 교사를 무시하며 표현이 서툴고 공격적이었다.

당시 갈루아의 목표는 오직 두 가지였다.

1. 최고의 대학, 에콜 폴리테크니크에 진학하는 것

2. 코시, 가우스와 같은 최고의 수학자들과 교류하는 것

1828년, 갈루아는 에콜 폴리테크니크의 입학시험에서 수학 아닌 다른 과목을 망쳐 시원하게 떨어졌고 갈루아는 이를 악물고 재수를 준비한다. 또한 자신의 실력을 입증하기 위해 코시에게 '오차방정식의 해법'에 대한 논문을 보냈지만 코시는 아이디어는 좋지만 논리가 서툴다는 이유로 평가를 보류한다.

1829년, 재수 입학시험을 일주일 앞두고 공화주의자였던 아버지가 정치적 음모로 인해 자살하는 사건이 발생한다. 이로 인해 피가 거꾸로 솟구친 갈루아는 급진 공화주의자가 된다. 일주일 후 시험에 응시하긴 했지만, 갈루아는 온전한 정신이 아니었고, 면접관이 "왜 그렇죠?"라는 질문을 하자 이런 말을 반복했다.

"당연한 거 아닙니까!"

갈루아는 당연히 낙방하게 되었으며, 감정 조절에 실패한 그는 면접관에게 칠판지우개를 던졌다고 한다.

이후 갈루아는 재수까지만 허용되는 에콜 폴리테크니크 대신, 예비학교인 에콜 프레파라투아르에 입학한다. 이듬해 1830년, 프랑스에는 7월 혁명이 발발한다. 교장 선생님은 학생들에게 시위 참여 금

지를 명령하지만, 갈루아는 이에 반기를 들고 신문에 교장 선생님을 비난하는 기고를 올렸으며, 이를 계기로 퇴학당한다.

자유로운 신분이 된 갈루아는 개인적으로 수강생을 모아 강의를 하고, 부지런히 논문을 써서 당시 유명한 수학자인 푸리에와 푸아송에게 제출한다. 하지만 푸리에는 몇 주 후 열병으로 사망하였으며 푸아송은 갈루아가 논문 심사를 여러 번 재촉하자 불쾌했는지 불합격 처리해버린다.

한편 갈루아는 급진적인 사회 운동을 하다가, 1831년에 또다시 투옥된다. 천재 수학자에게 감옥은 특별한 상상의 공간이었다. 이곳에서 갈루아는 '오차 이상 다항방정식의 일반해가 없음'을 '**군론**Group Theory'이라는 개념을 도입하여 증명하는 수학사 최대의 쾌거를 이루어 낸다.

1832년 봄, 파리에 콜레라가 유행하자 정부는 수감자들을 병원으로 이송하였다. 갈루아는 병원에서 의사 선생님의 딸인 스테파니에게 사랑에 빠졌지만, 스테파니는 받아주지 않았다고 전해진다.

같은 해 5월, 갈루아는 의문의 사내와 말다툼 끝에 결투하기로 했으며, 불행한 예감이 들던 갈루아는 절친이었던 슈발리에에게 그동안 만든 이론들을 방학 숙제 몰아서 하듯 넘겨주며, 혹시 모를 유언을 남긴다.

"훗날 이 깊은 내용을 이해하여 큰 혜택을 누리는 사람이 있길 바라네!"

불행한 예감은 어김없이 적중한다. 갈루아는 새벽의 결투에서 총알을 맞고 병원으로 이송되었으나 끝내 사망한다. 1832년 5월 31일, 그의 나이 20세였다. 이 결투의 배경은 스테파니를 둘러싼 두 남자의 승부였다는 설과 정치적 음모에 의한 사고였다는 설로 나누어진다.

훗날, 갈루아의 군론과 오차방정식에 대한 연구는 추상대수학에 불을 붙였다. 갈루아가 없었다면 페르마의 마지막 정리는 증명되지 않았을 것이다. 군론은 수학은 물론 물리, 화학, 공학, 미술, 음악에도 활용된다. 짧은 생이었지만, 갈루아는 '현대 대수학의 아버지'로 추앙받는다.

버트런드 러셀

문·이과 통합형 지식인

원빈 주연의 영화 〈아저씨〉하면 떠오르는 명장면 중 하나는 원빈이 셀프 면도를 하는 장면일 것이다. 필자는 이 장면에서 '원빈이 세비야의 이발사라면?'이라는 재미있는 상상을 했다.

> 셀프 면도를 하는 사람은 면도를 안 해주고
> 셀프 면도를 안 하는 사람은 면도를 해줍니다.

소위 "이발사 패러독스"로 유명한 20세기 최고의 지성 버트런드 러셀은 수학은 물론 논리학, 철학, 문학에도 능통했던 '문·이과 통합형 지식인'으로 평생 사랑과 지식을 갈망하고, 인류의 고통과 함께 했던 시대의 로맨티시스트였다.

이번 수업은 버트런드 러셀 이야기다.

이발사 패러독스

1872년 5월 18일, 버트런드 러셀이 영국 웨일스에서 태어난다. 러셀의 할아버지는 영국 총리를 두 번이나 지낸 존 러셀이었을 정도로, 러셀 가문은 영국의 명문가였다. 러셀은 3남매 중 막내였는데, 2살 때 어머니와 누나가 사망하고, 4살 때 아버지가 사망하였으며, 8살에는 할아버지마저 세상을 떠난다. 그래서 사실상 러셀이 기억하는 유년기의 가족은 할머니와 형이었다.

러셀의 할머니는 보수적인 청교도였지만, 한편으로는 러셀에게 "군중을 따라 악을 행하지 말라"는 성경 구절을 들려주던 열려 있는 신세대 할머니였다. 러셀은 학교에 가는 대신, 가정교사에게 교육을 받았는데, 친구가 없었기에 고독한 유년기를 보내게 되었다. 훗날 그는 "어린 시절, 내게 가장 중요한 시간은 혼자 정원에서 고독과 싸우는 시간이었다"라고 회고한다. 하지만 고독은 사랑에 대한 갈망으로, 갈망은 욕망으로 바뀌어 14살에는 하녀를 유혹하기도 한다. 또한 러셀은 99년의 일생 동안 네 번을 결혼했으며, 다수의 여성과 교제한다.

러셀은 그의 자서전에서 **세 가지 열정**이 자신을 지배했다고 말한다.

1. 사랑에 대한 갈망
2. 지식에 대한 탐구
3. 인류의 고통에 대한 연민

자서전에서 사랑에 대한 천재의 갈망은 문학적으로 승화된다.

"우리의 의식이 끝자락을 넘어, 차디찬 죽음의 심연에 다다를 때, 사랑은 우리를 심연에서 구출해주며, 누군가와 사랑으로 결합될 때, 성자들이 상상해온 천국의 축소판을 볼 수 있었다."

한편 러셀은 끝없는 지적 호기심을 가지고 있었다. 러셀이 11살이 되던 해, 형이었던 프랭크 러셀은 한 권의 책을 건넨다.

《원론》

많은 과학자들의 유년기를 지배했던, 유클리드의《원론》은 러셀의 삶도 바꾸어 놓았다. 러셀은 훗날, 기하학을 만난 경험이 첫사랑처럼 짜릿했다고 말한다. 언급한 대로,《원론》의 위대함은 단 10개의 공리만 가지고 기하학 전체를 완벽하게 서술하고 있다는 점이었다. 덕분에 수학에 푹 빠져 버린 러셀은 **"나도 언젠가, 나만의 공리 체계를 세울 거야!"**라는 원대한 꿈을 꾸게 된다.

1890년 19살의 러셀은 케임브리지에 장학생으로 입학한다. 그를 심사했던 교수는 미래의 동업자이자 위대한 수학자 화이트 헤드였다. 이후 러셀은 천재 철학자 비트겐슈타인, 영국의 계관시인 엘리엇 등 수많은 지성들과 교류하며, 다양한 학문을 접하게 된다.

이 중 러셀이 가장 관심 있던 분야는 물론 수학이었으며, 29살에는 집합론의 화두가 되는 '**이발사 패러독스**'를 발표한다.

✔ 이발사 패러독스

세비야의 어느 마을에 이발사가 있다.

이발사는 입구에 이렇게 붙여 놓았다.

> 셀프 면도를 하는 사람은 면도를 안 해주고
> 셀프 면도를 안 하는 사람은 면도를 해줍니다.

그렇다면, 이발사의 면도는 누가 해주는가?

셀프 면도를 하면, 면도를 안 해줘야 하니 모순!

셀프 면도를 안 하면, 면도를 해줘야 하니 모순!

이발사 패러독스로 각색된 '러셀의 패러독스' 오리지널 버전은 원래 집합set 이야기다.

✔ 러셀의 패러독스

집합 $S = \{S \mid S \notin S\}$라고 놓으면 S는 자신을

원소로 갖지 않는 모든 집합 S의 집합이다.

그런데 S도 하나의 집합이므로 $S \in S$또는 $S \notin S$

$S \in S$이면, $S \notin S$이므로 모순!

$S \notin S$이면, $S \in S$이므로 모순!

*S*는 이 집합의 원소여도, 원소가 아니어도 모순이었으니, 이는 모든 집합을 원소로 가지는 집합은 존재하지 않는다는 뜻이었다. 러셀의 패러독스는 모든 문제를 모순 없이 해결할 수 있다고 믿었던 당시 수학계에 큰 충격을 준다.

서른 중반에는 스승 화이트헤드와 3년간 공동 집필한 야심작 **《수학원리》** 3권의 원고를 들고, 야심 차게 케임브리지 출판부에 찾아간다.

"좋은 것 같긴 한데, 아무도 이해할 수 없을 것 같아요."

기대와 다른 출판부의 답변에 화이트헤드와 러셀은 눈물을 머금고 사비로 출판하게 되는데, 이는 두 사람의 명성에 비하면 굴욕이었다. 하지만 출판 이후 이 어려운 책은 호평을 받으며 기호논리학과 분석철학의 바이블로 거듭난다.

어느 날 이 책에 감명받은 한 청년이 러셀의 강의를 듣겠다고 케임브리지로 찾아온다.

루트비히 비트겐슈타인!

오스트리아의 공학도였던 이 청년은 시도 때도 없이 러셀에게 철학적 질문을 던지며, 혼을 빼놓기도 했지만, 러셀은 비트겐슈타인의 천재성에 매료되고, 둘은 애증의 사제지간이 된다. 두 천재는 공동 연구로 '분석철학'이라는 사조를 만들었으며, 비트겐슈타인은 역대급 철학서 **《논리철학논고》**를 출간하게 된다.

이후 수학이 조금 물렸는지 러셀의 연구는 철학과 역사, 정치, 사회학 쪽으로 발전했으며《서양철학사》,《행복의 정복》,《결혼과 성》,《게으름에 대한 찬양》 등 40여 권의 책을 집필하며 잉크가 마르지 않는 삶을 살게 된다.

러셀은 그 필력을 인정받아 1950년에는 노벨문학상을 수상하게 되었으며, 세계적인 문 · 이과 통합형 지식인으로 거듭나게 된다.

인류의 고통에 대한 연민

영국의 총리 윈스턴 처칠의 유명한 회고록 **《폭풍의 한가운데》**는 제목만 봐도 내용을 알 것 같은 책이다. 처칠과 동시대를 살았던, 러셀의 삶도 폭풍의 한가운데에 있었다. 러셀은 일차, 이차 세계대전은 물론, 한국전쟁, 베트남전쟁 등 전쟁의 시대를 살았다. 일차 대전 당시, 러셀은 '미친 전쟁'이라고 비난하며 징병을 반대하다가 6개월간 투옥된다. 심지어 독일 잠수함에 암호를 흘릴 수 있는 위험인물로 지목되어, '해변가 접근 금지령'을 받기도 한다.

러셀은 귀족 가문 출신이지만, 세상의 고통에 대한 연민으로 사회주의자가 되었다. 이차 대전의 주범이었던 나치의 반인륜적인 노선을 강하게 비판하며, 연합군을 지지한다. 다양한 집필과 방송 활동에서 재치 있는 글과 입담으로 셀럽이 된 러셀의 한마디는 유력 정치인 이상의 힘을 갖게 되었으며, 한편으로 연합군과 자유 세력은 러셀을 정치 수단으로 활용하기도 한다.

하지만 러셀은 권력에 탑승하지 않고 정치적 소신에 따라 할 말은 하는 지식인이었다. 1961년에는 자유 진영의 핵 정책에 반대하다가 89세에 또다시 투옥된다. 이후 베트남전쟁을 강력하게 반대하며, 열정적인 집필활동을 하다가 1970년에 97세의 나이로 세상을 떠난다.

귀족이었지만 이를 내려놓고, 어떤 권위에도 굴하지 않고 열정적으로 살았던 러셀은 진정한 노블리스 오블리주의 표본이었다. 사랑에 너무 솔직했던 것을 눈감아 드린다면!

● ● ●

1950년 한국전쟁이 발발한 해, 겨울왕국 스웨덴의 스톡홀름[32]에서 노벨문학상 수상자 러셀은 이렇게 수상소감을 꺼낸다.

> "큰 도시마다, 아주 빈약한 카누를 타고 추락하는 인공폭포와 기계 상어가 우글대는 수영장이 있었으면 합니다. 누구든 전쟁을 주장하면, 하루에 두 시간씩 그 영리한 짐승들과 함께하는 형벌에 처해야 합니다."

큰 울림을 남긴 연설 전문은 축음기 음반으로 퍼져나간다. 러셀의 위트 넘치는 인생을 축약한 것이었다.

32 매년 노벨상 시상식이 열리는 장소

폰 노이만

유튜브 최강 스타 과학자

다빈치 | 프랭클린 | 테슬라 | 아인슈타인

이런 천재들을 보면 '하루만 저런 머리로 살아 봤으면…'이라고 한 번쯤 생각하게 된다. 그런데, 이런 천재들이 어떤 사람을 보고

'하루만 저런 머리로 살아봤으면…'

이런 생각을 한다면!?

이번 수업은 인류 역사상 최고의 천재로 언급되는 폰 노이만 이야기다.

헝가리의 천재 소년

1903년 12월 28일, 폰 노이만은 헝가리 부다페스트에서 부유한 유대인 은행가의 장남으로 태어난다. 아버지의 빵빵한 지원으로 노이만은 조기 교육을 받을 수 있었고 모국어인 헝가리어는 물론 영어, 프랑스어, 이탈리아어, 독일어에 고대 그리스어와 라틴어를 구사하게 된다. 7살에는 여덟 자릿수의 나눗셈이 가능했고 미적분을 공부했으며, 웬만한 고전은 한 번 읽으면 원본대로 발표 가능한 컴퓨터급 암기력을 보유하여, 아빠 친구들이 오면 전화번호부를 암송하는 개인기를 보여주기도 했다.

8살의 노이만은 부다페스트의 엘리트 코스인 파소리 김나지움Budapest-Fasori Evangélikus Gimnázium에 입학한다. 학교 수업은 시시해서, 독학으로 고등 과정을 마스터했으며 친구들에게 미적분을 가르쳐준다. 이 중에는 훗날 노벨 물리학상을 타게 되는 유진 위그너도 있었는데, 당시 위그너는 13살, 노이만은 12살이었다. 이에 아버지는 노이만을 위한 도서관까지 만들어 주었으니, 천재 소년은 세상의 모든 지식을 갈아먹을 기세였다. 하지만 유복했던 천재 노이만에게 한 가지 리스크는 1900년대 유럽에서 태어난 유대계라는 것이었다.

● ● ●

노이만이 16살이 되던 1919년 3월! 볼셰비키(소련 공산당)의 아바타였던 쿤 벨라Kuhn Bella(1886~1938)는 헝가리에 공산 정권을 세운다.

그런데 무자비한 공산 정권은 아버지의 은행을 강탈하고 노이만 가족은 빈털터리가 되어 도피 생활을 하게 된다. 세상을 다 가진 천재가 모든 것을 잃게 된 것이었다. 가족들은 극도로 힘든 시기를 보내게 되는데, 불행 중 다행으로 헝가리-루마니아 전쟁이 터지게 되고, 헝가리가 루마니아에 밀리면서 패색이 짙어진 쿤 벨라는 5개월 만에 망명을 해버린다.

지옥 같은 시간을 보내고 일상으로 복귀한 노이만은

"나는 공산당이 싫어요!"

반공을 굳게 다짐하며 공부에 몰입한다. 천재의 집중력은 실로 엄청났다. 19세에는 집합론의 서수ordinal number를 정의했으며, 20세에는 밀레니엄 난제였던 '힐베르트의 23개의 문제' 중 5번 문제의 일부를 풀어낸다. 22살에는 부다페스트대학에서 수학전공, 물리와 화학 부전공으로 박사학위를, 이후 아인슈타인이 있던 취리히연방공과대학에서 화공학 석사학위를 받았으며 〈양자역학의 수학적 기초〉, 〈집합론의 공리화〉, 〈에르고딕 이론〉, 〈실내 게임의 이론〉을 저술해 수학자로 각광받기 시작한다.

25살에는 독일의 교수자격 시험 하빌리타치온을 최연소로 패스하고 베를린대학 교수까지 되었으니, 이차 세계대전에 앞서 스카우트 전쟁이라도 벌어질 분위기였다.

프린스턴의 외계인

20세기 초에 태어난 노이만은 전쟁의 시대를 살았다. 10대 시절에는 일차 세계대전(1914~1918)을 겪게 되어, 조국 헝가리는 툭하면 정권이 바뀌고, 국경선은 수시로 새로고침 되었다. 여기에 히틀러의 나치NAZI 독일은 유럽 전역을 삼키려 했다. 당시 세계 최고의 대학은 독일의 괴팅겐이었다. 19세기부터 20세기 초중반까지 괴팅겐의 스쿼드는 이러했다.

수학의 **가우스, 데데킨트, 리만, 힐베르트, 뇌터**
과학의 **오토 한, 막스 플랑크, 오펜하이머, 페르미**

이는 한마디로 이과계 월드 드림팀이었으며, 폰 노이만과 아인슈타인, 쿠르트 괴델 등도 유럽에서 연구하고 있었다.

그런데 나치가 선을 넘어버린다. 그들은 유대계 석학들을 무자비하게 탄압했고, 마침내 이들은 유럽 지옥에서 탈출하여 미국 프린스턴 연구소에 정착하게 된다. 이후 독일은 수학, 과학의 패권을 미국으로 시원하게 넘겨주게 되는데, 역사가들은 이를 "히틀러가 괴팅겐이라는 나무를 흔들고, 프린스턴이 사과를 주워 먹었다."라고 표현했다.

● ● ●

아인슈타인과 괴델이 교정을 거닐고, 앨런 튜링이 운동장을 달리는 캠퍼스의 풍경! 프린스턴은 천재들이 우글대는 20세기판 '아테네 학당'이었다.

그런데 연예인들의 연예인이라는 말이 있는 것처럼 프린스턴에도 유독 번뜩이는 천재들의 천재가 있었으니, 바로 폰 노이만이었다. 프린스턴 동료들은 폰 노이만을 '외계인'이라고 불렀는데, 컴퓨터급 이해력과 계산력을 가진 어나더 레벨의 천재라는 뜻이었다. 아인슈타인 같은 초천재도 노이만의 속도에 혀를 내둘렀다.

한편 프린스턴에서 노이만은 다양한 분야의 천재들과 콜라보 연구를 했다. 앨런 튜링과 컴퓨터의 초기 모델에 관한 연구를 했으며 독일 출신의 미국 경제학자 모르겐슈테른Oskar Morgenstern(1902~1977)과 함께 《게임이론과 경제적 행동》이라는 베스트셀러를 출간한다. 게임이론이란 '죄수의 딜레마[33]' 이론처럼, 상대방과 나의 행동을 종합하여 최선의 전략을 짜는 심리학, 수학, 경제학이 융합된 첨단 학문이었다.

훗날 노이만은 '**게임이론의 창시자**'로 불리게 되었으며, 게임이론은 경제학의 화두가 되어 존 내시를 포함한 많은 후학들이 게임이론으로 노벨 경제학상을 수상하게 된다. 또한 게임이론은 군사 전략에도 활용되었는데, 때는 이차 세계대전! 미국 정부는 이 외계인에게 러브콜을 보낸다.

33 게임이론의 대표적인 예로, 두 죄수가 묵비권을 행사하거나, 범행을 인정하는 경우의 수를 종합적으로 판단하는 것

맨해튼 프로젝트

이차 세계대전이 시작된 1939년! 물리학자 레오 실라르드와 유진 위그너는 아인슈타인의 서명이 들어간 편지를 미국의 루스벨트 대통령에게 전달한다. 독일이 핵 개발에 착수할 수 있으니 미국도 핵으로 맞서야 한다는 내용이었다. 이에 미국의 핵 개발 계획이 전격 시작된다.

맨해튼 프로젝트!

아인슈타인은 직접적으로 참가하지 않았지만, 오펜하이머, 닐스 보어, 페르미, 폰 노이만, 파인만 등 사실상 독일이 절반 이상 협찬해 준 과학자 드림팀을 구축하여 프로젝트가 출범한다. 특히 노이만은 원자폭탄의 원천 기술인 폭죽 렌즈Explosive Lens의 개발을 담당했으며, 정확한 수치해석을 통해 폭발이 성공한다는 시뮬레이션을 보여준다.

1941년 일본의 진주만 공습으로 제대로 화가 난 미국은 본격적으로 이차 대전에 참전하게 되었으며 1944년에 노르망디 상륙작전으로 승기를 잡고 1945년 5월 7일에는 독일의 항복으로 9부 능선을 넘었지만 아직 일본은 결사 항전 태세였다. 이에 미국은 히로시마와 나가사키에 두 차례 원자폭탄을 투여하고, 1945년 8월 15일에 일본마저 항복시킨다. 연합국은 승리의 기쁨을, 우리나라는 해방의 기쁨을 외치는 날이었다.

그런데 맨해튼 프로젝트에 참여했던 과학자들은 온전한 멘털이 아니었다. 송두리째 날아간 두 도시를 보면서 '이러려고 열심히 공부했나'하고 자책하게 된다.

아인슈타인은 **"히로시마와 나가사키를 예견했다면 $E = mc^2$ 공식을 파기했을 것이다"**라고 말했으며, 많은 과학자들은 이제 핵무기는 없애 버려야 한다고 주장한다.

하지만, 폰 노이만의 입장은 더 강경했다.

맨해튼 프로젝트 제2탄!!

이차 대전 이후, 미국과 소련이 대치하는 냉전 시대의 패권을 잡기 위해 원자폭탄보다 더 강력한 수소폭탄을 개발하여 소련에 선제공격해야 한다고 역설한다. 유복했던 어린 시절, 공산당에게 모든 것을 빼앗겨 본 노이만이었기에 반공은 평생의 신념이었을 것이다.

컴퓨터와 바이러스

굳이 컴퓨터를 안 써도 될 것 같은 폰 노이만은 최초의 컴퓨터로 알려졌던 에니악ENIAC[34] 개발팀에서 자문 역할을 맡았다.

에니악은 탄도 계산을 위해 태어난 슈퍼계산기로 노이만과 맞먹

34 Electronic Numerical Integrator And Calculator

는(?) 계산력을 자랑했지만, 오늘날의 프로그램 내장형 컴퓨터가 아니었다. 새로운 연산이 수행될 때면 배선을 바꿔야만 했는데, 에니악의 무게만 30톤이었고, 배선을 재배치하는 일이 계산보다 오래 걸리기도 했다.

'이럴 거면, 내가 계산하고 말지!'

노이만은 새로운 패러다임의 컴퓨터를 생각했다. 인간이 뇌에서 기억을 불러오듯, 컴퓨터에도 뇌와 비슷한 장치를 내장하는 것이다. 이게 바로 **에드박**EDVAC[35] 보고서이다.

CPU(중앙처리장치) + 메모리 + 프로그램

오늘날 컴퓨터에 사용되는 이 구조는 '**노이만 아키텍처**Neumann architecture'라고 부르며 노이만은 현대식 컴퓨터의 아버지로 불린다.

또한, 노이만은 생물처럼 스스로 작동하는 기계 오토마타Automata를 고안한다. 이는 컴퓨터 프로그램이 자신을 복제하여 증식할 수 있다는 컴퓨터 바이러스의 출현을 예언한 것이었다. 여기에 생명체를 자기 복제 시스템으로 보고 생명체는 DNA(유전 정보 설계도)를 가져야 함을 예견한다.

35 Electronic Discrete Variable Automatic Computer

노이만이 시나리오를 잘 써준 덕분에 수년 후, 생리학계의 역대급 듀오, 왓슨과 크릭은 실제 DNA의 이중나선 구조를 발견하여 1962년에 노벨 생리학상을 공동으로 수상하게 된다.

닥터 스트레인지 러브

노이만은 인류에게 많은 유산을 남긴 거인이지만 많은 에피소드를 남긴 괴인이기도 했다. 과학자들 중에는 소위 '패테[36]'도 많은데, 노이만은 패션에 무지 신경 쓰는 과학자였다. 트레이드 마크인 투버튼 명품 정장에 고급 시계를 차고, 매년 새로운 캐딜락을 뽑기도 했으며, 지인들과 자주 파티를 열고, 여자를 표나게 좋아하는 세속적인 사람이기도 했다.

노이만의 천재성을 말해주는 일화는 매우 많다. 누군가가 노이만한테 질문했다.

[문제] 200마일 거리의 두 열차가 시속 50마일의 속도로 서로를 향해 출발한다. 두 열차가 충돌할 때까지 파리가 시속 75마일의 속도로 두 열차 사이를 왕복한다면, 파리가 이동한 거리는?

"150마일!"

36 패션 테러리스트의 줄임말

노타임으로 나온 노이만의 답이었다. 이 문제는 파리가 왔다 갔다 하는 거리가 점점 좁혀지기 때문에 자칫하면 무한급수로 풀면 오래 걸린다. 단순히 생각하면 두 열차가 2시간 후에 충돌하므로 파리가 2시간 동안 달린 거리는 다음과 같다.

$$75 \times 2 = 150(\text{마일})$$

실제로 초급 수준의 문제였던 것이다.

기자 : 당신은 역시 속지 않는군요. 다들 무한급수로 풀다가 포기하던데…

노이만 : 아니! 나는 무한급수로 풀었는데!

인간 컴퓨터에게 계산 시간 따위는 필요하지 않았던 것이다.

한 번은 컴퓨터와 수열 $\{2^n\}$(n은 자연수)에서 처음으로 천의 자릿수가 7이 되는 항을 찾는 시합을 했는데, 노이만이 컴퓨터보다 먼저 "21자리"라고 말했다고 한다. 실제로 $2^{21}=2,097,152$ 가 된다.

어느 기자가 "당신은 현대 수학을 얼마나 알고 있습니까?"라는 질문을 했다.

"28%"

잠시 고민하다가 나온 노이만의 답이었다. 현대 수학은 세분화되고, 고도화되어 수학자들도 자신의 분야가 아니면 "잘 모른다"가 정설이다. 노이만이기에 현대 수학의 구조와 자신이 아는 범주를 명확히 구분하여 계산했을 것으로 추측된다.

1955년 52세의 폰 노이만은 크게 넘어져서 병원에 간다. 그런데 뜻밖에도 췌장암 진단을 받게 된다. 이에 대해 수소폭탄 실험을 참관했을 때, 방사선 노출이 원인이 되었을 가능성도 제기되었다. 투병 중에도 그의 정치적 소신은 바뀌지 않았다. 소련에 대한 선제공격은 꼭 필요하다는 것이었다.

지구에서 가장 똑똑하고 자신감 넘치던 천재는 죽음이 임박하자 하나님을 믿기 시작한다. 파스칼의 유작 《팡세》에 나오는 '내기' 편을 보고 신을 믿는 것이 안 믿는 것보다 다음 생에 유리한 케이스라고 판단했던 모양이다.

1957년 2월 8일, 인간 컴퓨터는 영원히 작동을 멈춘다. 병실에서 남긴 미완성 논문은 〈컴퓨터와 뇌〉였다.

노이만이 인류 지성사에 남긴 성과만 보면, 노벨상 두어 개는 받았을 법한데, 의외로 상복은 없다. 노벨상에 수학 분야는 없으며, 수학의 노벨상 격인 필즈메달은 1950년대 이후 본격적으로 수여되었고, 물리학의 화두였던 양자역학에서는 닐스 보어, 하이젠베르크, 폴 디랙 등이 워낙 쟁쟁했다. DNA를 예견했지만 검증된 건 노이만 사후였고, 게임이론은 너무 초장기여서 후배 경제학자들에게 공이 돌아갔다. 노이만은 맨해튼 프로젝트의 핵심 멤버였지만 소련을 공격하자고 주장했으니, 큰 상을 받기에는 타이밍과 명분이 부적절했다. 그나마 전쟁 이후, 원자력에 공헌한 사람에게 주는 엔리코 페르미상을 수상하게 된다. 1956년 제1회 수상자는 폰 노이만이었다.

1964년 개봉한 스탠리 큐브릭 감독의 영화 〈닥터 스트레인지 러브〉는 냉전 시대에 미국과 소련의 핵전쟁을 주제로 하는 블랙코미디로, 영화 속의 전쟁광 스트레인지 러브 박사의 실제 모델은 폰 노이만이라는 추측이 있다.

한국에서도 노이만은 초천재이자 극우 과학자 캐릭터로, 유튜브에 올렸다 하면 조회 수가 보장되는 유명인이다. 이 유명세에 가려 그가 인류에 남긴 위대한 업적들이 조명받지 못하는 면이 있다.

▶▶▶
유튜브 채널 〈매스프레소〉의
폰 노이만 일대기 영상

앨런 튜링

이차 대전의 진짜 영웅

1954년 6월 7일, 자택 실험실에서 튜링은 청산가리가 묻은 사과를 들고 있었다.

"세상은 나에게 여성을 강요했으니, 가장 여성스럽게 떠날 거야!"

앨런 튜링
1912~1954, 영국

앨런 튜링 님이 로그아웃하셨습니다.

너무나 위대했지만, 누구보다 쓸쓸히 떠난 천재! 이번 수업은 컴퓨터와 인공지능의 아버지이자 영화 〈이미테이션 게임〉에서 베네딕트 컴버배치가 열연하여 화제가 되었던 인물! 수학자 앨런 튜링의 이야기다.

결정문제와 튜링머신

1912년 앨런 튜링은 영국 런던의 평범한 가정에서 둘째 아들로 태어난다. 공무원이었던 아버지가 당시 영국의 식민지였던 인도에 파견되는 바람에, 튜링은 지인 댁에서 퍼즐과 계산 놀이를 하며 성장했다. 11살에 헤이즐허스트학교에 입학했으나, 라틴어와 문학 위주로 가르치는 학교생활에 적응하지 못했으며, 15살에는 명문 사립고인 셔번스쿨에 입학한다. 하지만 수학 천재에게 학교 수업은 시시했고 맘이 통하는 친구를 사귀지 못했으며, 독학으로 수학을 선행학습한다.

튜링의 학교생활은 수학과 과학을 좋아했던 1년 선배 크리스토퍼 모컴을 만나면서 달라진다. 둘은 상대성이론, 양자역학을 함께 공부하며 콩깍지 같은 단짝이 된다. 수업 시간에는 암호로 쪽지를 주고받으며 우정을 나누었고, 둘은 영국 최고의 명문 케임브리지에 같이 다니자고 약속한다. 하지만 이 약속은 선배였던 모컴이 케임브리지에 장학생으로 합격했음에도 지켜지지 못한다. 모컴이 결핵으로 세상을 떠났기 때문이었다. 튜링은 하늘이 찢어지는 듯 슬펐다.

"인간의 지능을 기계에 넣는 방법을 찾고 말테야."

튜링은 모컴의 뇌를 되살리겠다고 다짐한다. 튜링에게 모컴은 영혼의 첫사랑 같은 존재였다.

1931년 19세가 된 튜링! 모컴과 함께 할 수는 없었지만, 약속대로 케임브리지대학 수학과에 입학한다. 수학과 논리학, 물리학에 두각을 나타내던 튜링은 20세기 초반, 수학계의 리더였던 힐베르트의 '결정문제'에 관심을 가지게 된다.

결정문제란 모든 이론은 참/거짓이 결정된다는 것인데, 1931년에 천재 논리학자 괴델이 불완전성 정리[37]를 발표하여 결정문제를 박살내고 수학계를 뒤흔들어 버린 상황이었다.

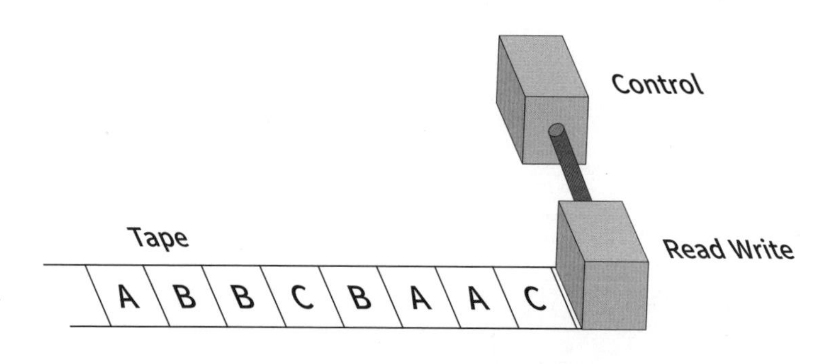

앨런 튜링이 만든 가상의 기계 **튜링머신**

37 참/거짓을 결정할 수 없는 문제가 존재한다는 정리

하지만 튜링은 불완전성 정리를 보면서 '나도 이 정도는 해보겠는데…'라고 생각하며 자신만의 연구를 해 나갔다. 튜링의 이름이 세상에 알려진 건 1936년에 가상의 기계 '**튜링머신**'을 발표하면서부터였다.

튜링머신이란 긴 테이프의 칸칸에 적힌 기호를 연산하는 기계인데, 튜링은 이 기계로 풀 수 없는 문제가 있다는 새로운 버전의 '불완전성 정리'를 만들어낸다. 이를 계기로 튜링은 대서양을 건너 세계 최고의 대학, 미국의 프린스턴에 진출하게 된다.

아인슈타인, 베블런, 폰 노이만, 괴델 등 천재들이 우글대는 프린스턴은 튜링에게 신기하고 재미있는 곳이었다. 이곳에서 튜링은 세계적인 논리학자 알론조 처치와 함께 계산 가능한 모든 문제는 튜링머신이 풀 수 있다는 '처치-튜링 명제'를 발표했으며, 세기의 천재 폰 노이만과 머릿속에 그려왔던 컴퓨터에 관한 아이디어를 수시로 교환한다. 그리고 마침내 1938년, 프린스턴 입성 2년 만에 튜링은 수학 박사 학위를 취득했으며 노이만이 프린스턴에 남아달라고 했으나 튜링은 이를 고사하고 영국으로 유턴한다. 때는 이차 세계대전 중! 천재 수학자는 긴박했던 고국의 현실을 외면할 수 없었다.

이차 대전의 진짜 영웅

블레츨리 파크Bletchley Park

겉보기에는 평범한 공원이지만 당시, 영국의 암호 해독 첩보기관이었다. 1939년 튜링은 독일군 암호 '에니그마[38]'를 해독하는 임무를 부여받고, 블레츨리 파크에 입성한다.

해가 지지 않았던 나라 영국은 해상 강국이었지만 독일의 잠수정 U-BOAT가 에니그마의 지령을 받아 연합군의 전함과 식량 보급선을 박살 내고 있었기에, 에니그마 해독을 못 하면 굶어 죽을 판이었다.

에니그마는 강력한 회전자가 알파벳을 다른 알파벳으로 변환시키는 알고리즘으로 24시간마다 새롭게 세팅되었기에 사람의 계산으로 24시간 내에 에니그마를 푸는 것은 불가능했다. 하지만, 영국의 구세주 튜링은 봄베라는 암호해독기를 도입하여 각고의 노력 끝에 에니그마를 풀어내는 데 성공한다.

에니그마의 해독으로 영국을 포함한 연합군은 정보 전쟁에서 독일에 앞서게 되었으며 노르망디 상륙작전 직전, "파드칼레에 상륙한다"는 페이크로 작전에 성공할 수 있었다. 튜링은 에니그마를 풀었을 뿐만 아니라 작전명 '울트라' 즉, 어떤 암호에 선택적으로 대응해

38 '수수께끼'라는 뜻을 가진, 독일의 슈르비우스가 개발한 암호 생성기

야 암호 해독이 들키지 않는가를 확률적으로 판단하여 전세를 역전시킬 수 있었다. 마침내 1945년! 연합군의 승리로 이차 대전이 막을 내린다.

튜링의 에니그마 해독은 종전을 2년이나 앞당겼으며 1,400만 명의 목숨을 구한 것으로 평가된다. 영국에서 튜링은 처칠 수상보다 더 큰 일을 해낸 이차 대전의 진짜 영웅이었다.

이미테이션 게임

이차 세계대전은 폭격기와 핵무기가 등장했던 역사상 가장 파괴적인 전쟁이었지만 한편으로 컴퓨터 과학이 비약적으로 발전하게 된다.

미국에서는 1946년에 최초의 컴퓨터로 알려진 에니악[39]이 만들어졌고, 1951년에는 폰 노이만이 설계한 현대식 컴퓨터 에드박이 탄생한다. 하지만 이보다 앞선 1943년. 영국은 튜링의 봄베를 기반으로 진짜 최초의 컴퓨터 콜로서스Colossus를 개발하였으며, 튜링은 영국 국립물리연구소에서 에이스ACE[40]라는 첨단 컴퓨터의 초기 설계를 맡기도 한다.

이후 튜링은 맨체스터대학으로 옮겨 생물의 형태와 인공지능 연구에 집중한다. 그 결과 1950년, 철학 저널《마인드》에 "기계가 생각

39 최초의 컴퓨터는 현대식 컴퓨터를 판단하는 기준에 따라 달라질 수 있다.
40 Automatic Computing Engine

할 수 있는가?"라는 주제의 역대급 논문을 발표하고 '**이미테이션 게임**'이라는 이름의 '튜링테스트'를 제안한다. 튜링테스트란 기계가 인간처럼 지능을 가졌는지 판별하는 실험으로 컴퓨터와 대화를 하고, 그 반응이 인간과 일정 기준 차이가 없다면, 컴퓨터는 인공지능이 있다고 보는 것이다. 실제로 2014년에는 유진 구스트만이 최초로 튜링테스트를 통과한 인공지능이 되기도 한다.

영화 〈이미테이션 게임〉에서 튜링은
나는 기계인가요? 사람인가요?
라고 묻는다.
넵, 사람은 아닙니다!
필자의 판단은 그러하다. 1950년에 인공지능을 생각했으니!

울트라 시크릿

1952년 영국 맨체스터, 앨런 튜링은 다음을 선택해야 했다.

교도소행 vs 호르몬 치료

영혼의 첫사랑 모컴을 잊지 못하는 튜링은 사실 젊은 날부터 동성애자로 살아왔다. 당시 영국에서는 동성애가 합법이 아니었고, 이를 발각당한 튜링은 법의 심판을 피할 수 없었다. 교도소에 가서 연구를 중단할 수 없었던 튜링은 화학적 거세에 해당하는 호르몬 치료를 선택한다.

이후 튜링은 전쟁 영웅은커녕, 범죄자로 낙인찍혀 사실상 '사회적 거세'를 당했으며, 호르몬 치료로 인한 신체적 변화를 이기지 못해 고통스러운 나날이 계속된다.

1954년 6월 7일, 자택 실험실에서 튜링은 청산가리가 묻은 사과를 들고 있었다.

"세상은 나에게 여성을 강요했으니, 가장 여성스럽게 떠날 거야!"

평소에 동화 속 백설공주는 사과를 먹고 죽은 게 아니라, 왕자님이 입 맞출 때까지 잠시 잠든 거라 이야기하던 튜링은 42세의 나이에 허무하게 세상을 떠난다.

● ● ●

작전명 '울트라'의 성공으로 이차 대전에 승리한 영국 정부는 블레츨리 파크의 암호 해독 팀을 해체하고, 에니그마와 앨런 튜링에 대한 기록을 삭제한다. 승리를 위해 희생을 묵인하고, 정보를 악용했기 때문이다. 처칠은 자서전에서 튜링을 언급조차 하지 않았으며, 영국이 자랑하는《브리태니커 백과사전》에 튜링은 한동안 등장하지 않았다.

하지만 1974년에 참전 군인이었던 윈터보텀의 《울트라 시크릿The Ultra Secret》이 출판되며, 튜링의 업적이 본격적으로 조명받게 된다. 훗날 튜링은 영국의 우표와 50파운드 지폐의 인물이 되며 《타임》지의 '20세기 위대한 100인'과 2002년에는 BBC 선정 '위대한 영국인' 순위에서 21위에 선정된다. 참고로 1위는 처칠, 6위는 뉴턴이었다.

2013년, 여왕 엘리자베스 2세는 튜링을 특별 사면해주었으며 ACM Association for Computing Machinery에서는 컴퓨터 과학의 노벨상 앨런 튜링상을 제정하여 수여하고 있다.

너무도 위대했지만, 누구보다 쓸쓸히 떠난 남자! 오늘날 현대인의 책상에는 튜링이 놓여있다.

쿠르트 괴델

아인슈타인의 영혼의 친구

아인슈타인과 미국 시민권을 따러 간 괴델이 판사와 대화한다.

판사 : 미국에서는 그런 나치 같은 사악한 독재는 불가능합니다.

괴델 : 천만에요. 저는 미국에서도 독재가 어떻게 가능한지 알고 있습니다.

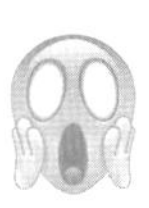

미국 시민권을 따기 위해, 미국 헌법을 제대로 파버린 논리학자의 반론이었다. 당황한 아인슈타인은 판사와 눈을 마주치는데…

●●●

이번 수업은 아인슈타인의 영원한 소울메이트이자 '불완전성 정리'를 발표하여, 많은 수학자들의 멘털을 우주로 보내버린 수학자, 쿠르트 괴델 이야기다.

빈 서클의 아웃사이더

1906년 쿠르트 괴델은 오스트리아-헝가리 제국의 브르노에서 독일계 가정의 차남으로 태어난다. 아버지는 직물공장의 대표였으며 어머니는 교육을 많이 받은 지성인이었다.

어머니의 영향으로 괴델은 유년기부터 다양한 고전을 읽기 시작했고, 많은 의문을 품기 시작한다. 괴델의 별명은 "미스터 와이Mr. Why?"(왜요 씨)였다.

왜요? 왜요? 왜요? 왜요?

꼬마 철학자는 이 질문을 다듬어 "세상은 합리적이다" 등 자신만의 철학적 명제를 만들어가고 있었다. 그런데 여덟 살의 꼬마 철학자에게 고열을 동반한 관절 통증이 찾아오는데, 진찰 결과 류머티즘이었다. 어린 나이에 면역 체계 이상이 생겨버린 것이었다. 꼬마 철학자는 혼자 여러 자료를 뒤져 보고 류머티즘이 심장에 치명적인 손상을 줄 수 있다는 것을 알게 되었으며, 이는 괴델에게 평생의 트라우마로 남게 된다.

한편, 19세기 초반 유럽은 두 차례 세계대전을 앞두고 이합집산! 지도의 경계선이 수시로 새로고침 되는데, 오스트리아-헝가리 제국도 분할되어 괴델이 살던 브르노는 체코의 영토에 편입된다. 하지만 괴델은 자신을 체코 사람이 아닌 오스트리아 사람으로 여기며, 체코어를 입에 담지도 않았으며 마침내 오스트리아의 빈에 진출한다.

형 루돌프는 빈의 의과대학에, 동생 괴델은 빈대학 물리학과에 입학한 것이었다.

● ● ●

빈대학! 1365년 합스부르크 가문의 루돌프 4세가 설립한 독일 문화권에서 가장 오래된 종합대학이다. 오늘의 주인공 괴델 외에도 **에른스트 마흐, 루트비히 볼츠만, 에르빈 슈뢰딩거, 지크문트 프로이트, 에른스트 곰브리치, 카를 포퍼** 등 이름만 들어도 설레는 역대급 동문들이 거쳐 갔으며, 오늘날까지 20여 명의 노벨상 수상자를 배출한 세계적인 대학이다.

청소년기에 괴델은 시인이자 과학자였던 괴테가 쓴 《색채론》을 읽고 감명을 받는다. 《색채론》은 독일의 문호 괴테가 뉴턴을 넘겠다고 야심 차게 집필한 광학 이론서였는데, 이런 괴테의 무모한(?) 도전이 괴델을 물리학도로 이끈 것이었다.

하지만 18세의 물리학도 괴델은 빈대학 수학 일타 교수였던 푸르트뱅글러 교수의 정수론 강의를 듣고 수학에 빠지면서 플라톤주의자가 되었으며, 20세에 수학으로 전공을 바꾸고 논리학을 장착하면서 수리논리학자의 길에 접어든다.

한편, 당시 유럽을 지배하던 대표적인 사조는 '논리실증주의'였다. 이는 뜬구름 같은 형이상학을 좇는 플라톤주의를 배격하고 현실에서 입증할 수 있는 지식을 추구하는 것이었다. 이러한 논리실증주의를 이끈 모임은 철학자 모리츠 슐리크가 이끄는 빈 서클이었는데, 여기에는 한스 한, 오토 노이라트, 루돌프 카르나프 등이 소속되어 있었으며, 그들은 논리학의 슈퍼스타 비트겐슈타인을 추앙하고 있었다.

비트겐슈타인!

빈에서 가장 부유한 가문 출신의 공대생이었던 그는 대학 시절, 러셀의 **이발사 패러독스**를 접하면서 수학과 논리학에 관심을 가지게 된다.

수년 후 비트겐슈타인은 케임브리지의 러셀 교수를 찾아가 열심히 배우고 논쟁하여 러셀에게 실력을 인정받게 되고 《논리철학논고》라는 역대급 철학서를 출시하면서, 스승과 동급 위상을 가지게 된다. 이후 빈 서클에서는 《논리철학논고》의 스터디가 활성화되었으며, 누구나 비트겐슈타인의 말투와 표정을 따라 할 만큼 비트겐슈타인은 빈 서클의 워너비가 되었다.

한편 괴델은 1926년부터 빈 서클에 초청받아 정기적으로 참석한다. 그런데 플라톤주의자였던 괴델과 실증주의자들의 합이 맞을 리가 없었다. 하지만 평생 반박이라고는 수식과 글로만 해왔기에 괴델이 플라톤주의자임을 알아차린 사람은 거의 없었으며, 괴델은 묵묵히 메가톤급 반격을 준비한다.

논리학의 파괴자

20세기가 시작되는 1900년! 에펠탑이 보이는 파리에서 제2회 세계수학자대회가 열린다. 이 대회에서 현대 수학의 선장 힐베르트는 '20세기가 풀어야 할 23개의 문제'를 발표하는데 여기에는 연속체 가설, 골드바흐의 추측, 리만가설 등 역대급 난제는 물론 '산술의 공리가 무모순임을 증명하라' 등이 있었다. 이는 단순히 후배 수학자들에게 숙제를 낸 것이 아니라 모든 문제를 해결할 수 있다는 시대정신을 반영한 것이었다.

그럴 만도 했던 것이, 19세기 인류는 미적분을 해석학으로 진화시켰다. 비유클리드 기하학과 위상수학은 기하학 혁명을, 해밀턴의 사원수와 갈루아의 군론은 대수학 혁명을 일으키며 수학자들은 제법 근거 있는 자신감에 차 있었다.

하지만 불과 1년 후 러셀의 '이발사 패러독스'가 발표되면서 수학은 완벽하지 않음이 드러나고, 힐베르트의 멘털에 일차 균열이 일어난다. 그럼에도 힐베르트는 꿈을 포기하지 않았으며, 수학의 시스템을 형식화하여 모순 없는 완벽한 수학 제국을 건설하려 하는데! 이게 바로 **'힐베르트 프로그램'**이다. 힐베르트가 수학에 실증주의적 기법을 도입한 것이었다.

• • •

1930년 10월, 아직까지 그다지 유명하지 않았던 대학원생 쿠르트 괴델은 공교롭게도 힐베르트의 고향이었던 쾨니히스베르크의 학회에 참석한다. 이 학회에서 괴델은 '수학은 완전하지 않다'는 논거를 제시한다.

불완전성 정리

대부분은 그다지 유명하지 않은 수학도의 발표를 흘려들었지만, 단 한 사람은 불완전성 정리가 엄청난 것임을 직감하는데, 세기의 천재 폰 노이만이었다. 발표가 끝나고 노이만이 괴델에게 집요하게 질문하며 두 사람은 긴 대화를 나누는데, 서로의 천재성에 경탄했을 것으로 추측된다.

이듬해 괴델은 두 가지 버전의 불완전성 정리의 증명을 논문으로 발표하는데, 개요는 이러하다.

'제1불완전성 정리'는 어떤 형식체계 안에서 "참이지만 증명이 불가능한 명제가 있다"는 것으로 예를 들어 명제 T : "T는 증명이 불가능하다" 일 때, 다음과 같이 말할 수 있다.

T가 참이면	T는 증명이 불가능하고
T가 거짓이면	T는 증명이 불가능하므로 T는 참 (모순)

이 T가 바로 "참이지만 증명이 불가능한 명제"였던 것이다.

괴델은 명제의 언어적 모호함을 탈피하기 위해 명제에 자연수를 대응시켜 만든 **괴델수**를 이용하여, 이를 수학적으로 설명한다.

'제2불완전성 정리'는 '제1불완전성 정리'의 따름 정리로 어떤 형식체계의 무모순성을 체계 안에서는 증명할 수 없다는 것이었다. 덕분에 힐베르트의 23개의 문제 중 제2번! '산술의 공리가 무모순'임도 증명할 수 없게 된다.

힐베르트는 러셀의 패러독스에 이어 이차 멘털 붕괴를 당하며 재기 불능의 상태가 된다.

● ● ●

한편, 18세기 철학의 제왕 칸트는 이렇게 말하고는 했다.

"아리스토텔레스 이후, 논리학은 일 보 전진도 할 수 없었지!"

기원전 300년경에 만들어진 아리스토텔레스의 논리학을 완성된 학문으로 본 것이었다.

하지만 불완전성 정리로 논리학이 갑자기 수백 보 전진하게 되었으니! 아인슈타인은 괴델을 "아리스토텔레스 이후 최고의 논리학자"라고 평가했지만 사실상 아리스토텔레스가 "괴델 이전 최고의 논리학자"로 권좌를 내준 것이었다.

비트겐슈타인과 빈 서클은 어땠을까? 괴델이 논문을 발표한 이후, 비트겐슈타인은 불완전성 정리의 성과를 인정했다. 덩달아 빈 서클의 위상도 약해지게 되었다. 여기에 설상가상으로 1936년에 빈 서클의 리더 슐리크가 제자에게 살해당하면서 논리실증주의의 본산도 역사 속으로 사라지게 되었다.

아인슈타인과 괴델의 산책

뉴저지의 한적한 시골, 헐렁한 멜빵바지를 멘 곱슬머리 60대 노인과 흰 캐주얼 정장에 펠트제 중절모를 쓴 30대 젊은이가 길을 거닐고 있었다.

아인슈타인과 괴델이 프린스턴 고등연구소를 산책하는 장면이었다.

● ● ●

1930년! 뱀버거 백화점의 상속자 루이스 뱀버거와 여동생 캐롤라인 뱀버거는 지역사회에 공헌하기 위해 백화점을 매각하고 의과대학을 설립하기로 한다. 남매는 당대 최고의 교육 행정가였던 에이브러햄 플렉스너를 영입하였으며, 플렉스너는 뱀버거 남매를 집요하게 설득한다.

"의대를 넘어, 순수과학의 메카를 만듭시다."

그리고 마침내, 붉은 벽돌의 요람 **프린스턴 고등연구소**가 탄생한다.

당시 수학 · 과학의 메카는 독일의 괴팅겐을 필두로 하는 유럽이었지만, 히틀러가 유대계 학자들을 핍박하여 학자들의 유럽 탈출 러시가 이어지는데, 프린스턴 연구소는 이 기회를 제대로 잡아낸다. 히틀러가 나무를 흔들고, 프린스턴이 사과를 주워 먹는 격이었다.

프린스턴은 1932년에 수학자 베블렌, 1933년에는 아인슈타인을 영입하면서 이과계의 핫플로 떠오른다. 이후 헤르만 바일, 폰 노이만, 알론조 처치, 앨런 튜링, 모르겐슈테른, 오펜하이머 등등 역대급 동문들이 프린스턴을 거친다.

한편 오늘의 주인공 괴델은 1930년대 중반, 프린스턴을 방문하여 베블런, 아인슈타인 등 다양한 학자들과 교류한다. 하지만 뼛속까지 오스트리아인이었던 괴델은 빈대학으로 유턴! 도착하고 몇 주간 신경쇠약으로 요양소 생활을 한 후, 교수도 아닌 수리논리학 강사로 빠듯하게 생활하게 된다.

1938년 9월 20일, 괴델은 6살 연상의 이혼녀이자 카바레 댄서 출신의 아델레와 결혼한다. 평소 음식에 대한 가림이 심했던 괴델에게, 아델레는 음식을 시식하고 먹여 주었다.

하지만 1936년에 모리츠 슐리크가 살해당하고, 1938년에는 오스트리아가 독일에 합병되면서 빈은 더 이상 평화롭게 연구할 수 있는 곳이 아니었다.

어느 날, 괴델이 유대인으로 오해받아 안경이 박살 나는 폭행을 당하게 되는데, 아델레가 우산을 휘둘러 이를 저지하게 되고, 이 사건으로 괴델은 빈을 떠나 수차례 러브콜을 보내준 프린스턴에 가기로 결심한다.

플렉스너와 베블런, 폰 노이만은 괴델의 탈출을 전격 지원해주었으며, 괴델 가족은 시베리아횡단철도를 타고, 러시아를 거쳐 일본에 도착한 다음, 배를 타고, 샌프란시스코 항구에 도착 후 대륙횡단철도를 타고, 뉴욕에서 프린스턴까지 영화 한 편 제대로 찍으며 가까스로 도착할 수 있었다.

프린스턴에 입성한 괴델! 동료 학자들이 지금 빈은 어떠냐고 묻자 이렇게 말한다.

"커피가 맛을 잃었습니다."

참 괴델스런 답변이었다.

괴델까지 합류해버린 프린스턴은 명실상부 수학, 과학의 메카가 된다. 천재들이 지식을 콜라보하며 친분을 쌓아 나갔지만, 괴델은 그러지 못했다. 평소 논쟁을 싫어하고, 글이나 수식으로만 반박하는 성향에 피해 망상증까지 있었기 때문이었다. 하지만 폰 노이만, 모르겐슈테른과 아인슈타인은 이 논리학자를 비범하게 여겨 친절히 대해 주었고, 특히 노년기에 접어든 아인슈타인은 괴델을 만나기 위해 출근한다고 말하곤 했다. 덕분에 이런 영화 같은 장면이 종종 목격되었다.

아인슈타인과 괴델의 산책!

둘은 30년에 가까운 나이 차를 극복하고 프린스턴에서 콩깍지 같은 절친이 된 것이다.

아인슈타인은 한때 수학자를 꿈꾸었으며, 괴델은 한때 물리학도였으니 운명이 뒤바뀐 두 천재가 서로의 세계관에 빠져버린 것이었다. 둘은 거창하고 비범한 이야기를 나누기도 했다. 하지만 한편으로 자잘한 것, 예를 들어 정치적 성향 차이로 삐지기도 하는 인간적인 친구 사이였다.

●●●

1947년 12월, 괴델이 미국 시민권 심사를 받기 위해 법정에 가는 길! 아인슈타인과 모르겐슈테른이 증언자로 동행했다. 판사 필립 포먼이 배석하고 대화가 시작된다.

판사 : 선생님은 지금까지 독일 시민권자였습니다.

괴델 : 아닙니다. 오스트리아 시민권자입니다.

판사 : 아 그렇군요. 어쨌든 미국에서는 (히틀러 같은) 그런 사악한 독재는 불가능합니다.

괴델 : 천만에요. 저는 미국에서도 독재가 어떻게 가능한지 잘 알고 있습니다.

미국 시민권을 따기 위해, 미국 헌법을 제대로 파버린 논리학자의 반론이었다. 당황한 아인슈타인은 판사와 눈을 마주치는데! 다행히도 판사는 아인슈타인의 지인으로 괴델의 화제를 돌리는 데 성공한다. 법에도 진심이었던 괴델이 하마터면 시민권을 따지 못할 뻔했다.

● ● ●

이후, 괴델은 아인슈타인의 70회 생일에 특별한 선물을 준비한다.

괴델 우주!

이는 상대성이론의 중력장 방정식의 해를 구한 것으로 우주는 일정하게 원운동을 하면 처음 시간과 장소로 돌아올 수 있다는 것! 상대성이론이 시간 여행을 허용한다는 것이었다.

둘의 우정은 깊어만 간다. 괴델은 프린스턴에 입성한 이후, 단 한 번도 고국에 가지 않았지만, 종종 모친께 편지를 보냈으며 편지에는 아인슈타인이 70세 노인임에도 정정하게 산책을 한다는 내용이 들어있었다.

하지만 얼마 전 아인슈타인에게 복부 동맥류가 발견되었고, 괴델은 이를 모른 채 1955년 4월 25일에도 아인슈타인은 요즘 건강하다고 모친께 편지를 보낸다. 일주일 전 4월 18일! 괴델의 영혼 친구는 이미 세상을 떠난 후였다.

불완전 괴델

프린스턴 교정을 혼자 거닐어야 하는 괴델! 그는 아인슈타인과의 마지막 추억을 이렇게 회상한다.

> **"그는 더욱 다정하게 대해 주었으며, 더 친해지고 싶어 한다는 느낌을 받았습니다."**

아인슈타인과 괴델! 둘은 모두 20대에, 확실성이 지배하려던 세상에 각기 세 가지 이론을 던지며 세상을 뒤집었다. 1905년 아인슈타인은 26살의 나이에 특허청에 근무하면서도 시간을 쪼개어 광양자설, 브라운 운동, 특수상대성 이론을 발표했다. 1930년, 괴델은 24살의 나이에 제1불완전성 정리, 제2불완전성 정리와 함께 완전성 정리까지 발표했다.

특히 상대성 이론과 불완전성 정리는 하이젠베르크의 불확정성 원리와 함께 "확실성"이라는 절대 권력을 뒤엎은 "지식의 쿠데타"였다. 그래서 두 친구가 진짜 공유했던 것은 세상이 옳다고 믿는 것에 도전하는 용기와 그걸 준비하는 외롭고 두려운 시간에 대한 위로와 공감이었을지도 모른다.

하지만 괴델에게 아인슈타인이 없는 시간은 불완전성 정리를 준비하던 그 시간만큼 외롭고 두려운 시간이었던 것으로 보인다. 괴델은 지적 고립감이 커지면서 좀처럼 집 밖으로 나가지 않게 되었으며, 누군가 자신을 해치려 한다는 피해망상에 사로잡혀 한여름에도 두꺼운 옷으로 무장하고 아내가 주는 식사 이외엔 음식을 거부하여 영양실조에 걸리게 된다.

1977년, 어느덧 팔순을 바라보는 고령의 아내 아델레는 두 번의 큰 수술을 하게 된다. 식사를 거부하는 괴델이 걱정되었지만, 지인들에게 괴델을 챙겨 달라고 신신당부하고 병원으로 향한다. 하지만 지인들은 괴델의 집에 들어갈 수 없었고, 그나마 허가를 받아도 괴델은 음식을 거부했다.

"나는 긍정적 결정을 내리는 기능을 상실해, 부정적 결정밖에 못 내린다네."

다행히도 12월, 아델레가 복귀했지만 괴델은 뼈만 앙상히 남은 상태였다. 12월 말 아델레는 괴델을 프린스턴 병원에 입원시키지만, 보름 후인 1978년 1월 4일에 괴델은 태아처럼 웅크린 자세로 세상을 떠난다. 사망 진단은 다음과 같았다.

"성격장애로 인한 영양실조 후 아사"

사망 당시, 괴델의 체중은 29kg이었으며, 5일 후 괴델은 프린스턴 묘지에 안장된다. 이후 괴델은 《타임》의 '20세기 위대한 100인'에 선정된다.

괴델을 한마디로 정의하면 다음과 같다.

유명하지 않은 수학자 중 가장 유명한 수학자

에르되시

논문 1,500편을 펴낸 인간 GPT

논문 1,500편은 얼마나 많은 양일까?

확실한 건 평생 논문을 한 편도 안 쓴 사람이 한 편 이상을 쓴 사람보다 많을 것이며, 대한민국의 대표적인 문제 유형서 〈쎈 수학〉, 〈RPM〉과 같은 책들도 한 권에 1,500문항이 되지 않는 경우가 많다. 또한 하루에 한 편을 만들어도 4년이 걸리고, 일주일에 한 편을 만들어도 30년 가까이 걸리는 양이다.

이번 수업은 일생동안 집도 없이 전 세계를 떠돌며, 다른 수학자들과 약 1,500편의 논문을 합작해낸 인간 GPT이자, 역사상 가장 독특한(?) 수학자 폴 에르되시의 이야기다.

또 헝가리의 천재

1913년 이번 수업의 주인공 폴 에르되시는 헝가리 부다페스트의 유대인 가정에서 태어난다. 이런 또 헝가리라니!

노이만 | 위그너 | 폴리아 | 실라르드 | 텔러

등등 이과계 천재들이 우글대는 헝가리에서 또 한 명의 천재가 탄생한 것이었다.

에르되시가 태어나기 직전, 두 명의 누나가 감염병으로 사망하여 에르되시는 사실상 외동아들로 자라게 된다. 부모님은 모두 수학 선생님이었으니, 수와 친해지지 않는 게 이상한 일이었다. 아니나 다를까 에르되시는 네 살 때, 스스로의 힘으로 소수prime number의 기본적인 성질을 찾아내는 기질을 보여준다.

1914년, 에르되시가 태어난 다음 해 일차 대전이 발발하고, 아버지가 러시아의 시베리아에 전쟁 포로로 끌려간다. 두 딸과 사실상 남편마저 잃어버린 어머니는 아들의 교육에 더 집착하게 되고, 덕분에 에르되시는 학교 대신 가정 학습으로 다량의 독서를 하며 창의적인 유년기를 보내게 된다.

6년 후인 1920년, 포로 생활을 버텨낸 아버지가 생환하였다. 에르되시는 아버지에게 무한급수와 집합론을 배우며 수학에 빠지게 되었고, 17세에는 부다페스트대학에 입학하여 본격적으로 수학 공부에 돌입한다.

천재의 집중력은 무서웠다. 1932년, 불과 19세에 에르되시는 **베르트랑의 정리**를 증명하는 데 성공한다.

베르트랑의 정리

2 이상의 자연수 n에 대하여

$$n < p < 2n$$

를 만족하는 소수 p가 존재한다.

이 정리를 만든 베르트랑은 300만 이하의 자연수 n에 대한 검증을 마쳤으나 여백이 부족했는지[41](?) 증명 없이 추측만 남겼으며, 후배 수학자 체비쇼프와 라마누잔이 이를 증명하여 **베르트랑의 정리**로 승격시킨 것이었다.

하지만 체비쇼프와 라마누잔의 증명은 너무나도 어려운 그들만의 증명인 데 반해, 에르되시가 학부생 버전으로 깔끔하게 증명해버린 것이었다. 2년 후인 1934년, 에르되시는 이를 발전시킨 **에르되시의**

에르되시의 정리

모든 자연수 k에 대하여 자연수 N이 존재하여
N보다 큰 임의의 자연수 n에 대하여

$$n < p < 2n$$

을 만족하는 소수 p가 적어도 k개 존재한다.

41 페르마가 '페르마의 마지막 정리'를 남기며 여백이 부족하다고 말한 것을 필자가 패러디함

정리를 발표하였으며 부다페스트대학에서 수학 박사학위를 획득한다.

이후 에르되시는 파시즘과 반유대주의가 팽배해진 헝가리를 떠나 영국 맨체스터대학에서 박사 후 연구원 과정을 시작한다.

가장 독특한 수학자

영국에 도착한 다음 날 에르되시는 케임브리지의 하디 교수를 찾아간다.

고드프리 해럴드 하디!

그는 해석적 정수론의 세계적 권위자이자 인도의 천재 수학자 라마누잔을 육성시킨 당시 가장 유명한 수학자 중 한 명이었다. 라마누잔은 하디에 발탁되어, 정수론에 탁월한 업적을 남기고 1920년에 33살의 나이로 요절해버린 천재 수학자였다. 하디와 라마누잔의 이야기는 영화 〈무한대를 본 남자〉에 잘 묘사되어 있다.

하디는 아들뻘 되는 에르되시에게 자신의 최대 업적은 '라마누잔을 발굴한 것'이라고 자랑하며 이야기꽃을 피웠다.

그럴 만도 했던 것이, 하디와 라마누잔은 이미 '소수 분야의 전설'이었으며, 에르되시는 베르트랑의 정리, 에르되시의 정리로 '소수 분야의 신성'이었으니, 아마도 메시와 갓 데뷔한 음바페가 만나서

축구 이야기를 나누는 격이었다.

하디와 에르되시는 '독특한 수학자' 하면 떠오르는 자신만의 철학과 위트를 가진 인물이었다. 하디는 60세가 넘은 시점에 집필한《어느 수학자의 변명》에서 순수 수학을 사랑했지만 다가갈 수 없는 노병의 관점에서 증명이나 문제풀이가 아닌 수학에 관한 글을 쓰는 자신을 자책한다. 또한, 하디는 해외 학회에 참석 후 영국으로 돌아오는 길에 폭풍우가 몰아치자 영국 수학 학회에 이런 전보를 보낸다.

"리만 가설을 증명함"

살게 되면 죽음의 위기를 넘겼으니 이득이고, 죽게 되면 여백이 부족해 증명을 남기지 못한 페르마처럼 리만가설을 증명한 전설이 될 것이라는 황당한 계산이었다.

에르되시의 활약상은 하디 이상이었다. 그는 사용하는 용어부터가 예사롭지 않은 사람이었는데, 번역하면 다음과 같았다.

용 어	두목	노예	포획	엡실론	독재자
번 역	아내	남편	결혼	어린이	하나님

에르되시에게 이런 단어들은 처음엔 은어였다. 하지만 **헝가리의 공산혁명**, **파시즘과 반유대주의**, **이차 대전과 매카시즘**으로 상징되는 시대에 단어 하나가 패가망신을 부를 수도 있었다. 실제 에르되시의 많은 친척이 처형당했으며 공산화된 조국 헝가리의 국경은 쉽

게 드나들 수 없게 되었다.

한편 시대 상황과 무관하게 에르되시에게는 개그맨의 피가 흐르고 있었다. 생년월일을 묻는 대신, "탄생의 불운이 당신을 덮친 건 언제였습니까?" 뭐 이런 식이었다.

또한 에르되시에게는 방랑자의 피도 흐르고 있었다. 영국 맨체스터에 도착한 다음 날, 케임브리지에 달려가 하디를 만나는 것은 기본! 한 장소에 일주일 이상 머물지 않고 끊임없이 수학자들을 만나 교류하고 지식을 공유했다.

● ● ●

1938년, 25세의 에르되시는 대서양을 건너 아인슈타인과 폰 노이만이 있는 미국 프린스턴에 합류한다. 하지만 독특한 언행과 진득하지 않다는 이유로 프린스턴에서 정규직을 제안받지 못하고 덕분에 방랑벽이 더 심해지게 된다. 그에게는 평생 집도, 부인도 없었으며, 재산을 모으는 것에도 관심이 없었다. 에르되시가 그나마 반쯤 정착(?)하게 된 건 로널드 그레이엄이라는 친구를 만나면서부터였다.

그레이엄은 '그레이엄 수[42]'를 만든 유명한 수학자로, '그레이엄 수'는 기네스북에 등재된 가장 큰 수이다. 평소에 수학 문제를 풀다가 막히면 저글링과 텀블링을 하는 취미를 가졌던 그레이엄은 대만

42 수학에서 '가장 큰 수'는 존재하지 않는다. 가장 큰 수를 N이라 하면 $N+1$이 더 크기 때문이다. 그레이엄 수는 수학 이론에 등장하는 가장 큰 수로 기네스북에 등재되어 있다.

계 여성 수학자 판 청과 결혼하여 공동 연구를 하고, AT&T 벨 연구소에서 한 부서의 운영자였다.

또한 에르되시가 작은 키에 주름이 많고 구부정한 체형인 데 비해, 그레이엄은 큰 키에 운동으로 다져진 호남형 외모를 가지고 있었고, 에르되시보다 22살 어렸다.

하지만, 프린스턴에서 아인슈타인과 괴델이 영혼의 단짝이었듯이 서로 달라 보이는 두 수학자는 콩깍지 같은 절친이 되었으며, 에르되시는 그레이엄의 집을 제집처럼 드나들었고, 세계적인 수학 입담꾼 에르되시에게 각지에서 강연 요청이 오면 그레이엄은 즐거운 마음으로 매니저를 자청했다.

에르되시는 많은 문제를 해결하기도 했지만, 한편으로 많은 문제를 출제하기도 했다. 재산은 없었지만 무슨 자신감이었는지 툭하면 상금을 내걸었다. 너무 많은 문제에 상금을 걸자. 지인이 걱정한다.

지인 : 에르되시, 문제들이 다 풀리면 어쩌려고 그래?

에르되시 : 채권자들이 동시에 은행에 몰리면 파산은 피할 수 없겠지!

지불 능력도 없지만 몰릴 확률도 없으니 문제가 없다는 것! 천재 수학자의 엄청난 기지였다. 강연료와 상금 관리도 매니저 그레이엄의 몫이었다. 심지어 에르되시가 사망한 이후에도 매니저의 관리는 계속되었다.

1941년, 이차 대전이 한창이었던 시기! 12월에는 일본의 진주만 공습이 있었던 그 해였다. 에르되시는 두 일본인 청년과 진지한 모습으로 미국 롱 아일랜드의 해안가를 거닐고 있었다. 이때 군인들이 나타나 세 청년을 체포한다. 청년들이 군사 보호 시설에 들어가 버린 것이었다. 군 당국은 이들을 스파이 혐의로 FBI에 넘겨 버린다.

FBI는 에르되시를 취조하기 시작한다.

FBI : 어디로 가고 있었습니까?

에르되시 : 목적지가 없었습니다.

FBI : 해안에서 뭘 했습니까?

에르되시 : 수학을 논의했습니다.

FBI : 어떤 주제였습니까?

에르되시 : 중요하지 않습니다. 아마도 오류였을 겁니다.

세 젊은 수학자가 토론 삼매경에 빠져, 위험 구역에 들어간 것이었는데, 두 일본 청년과 한 헝가리 청년의 수상한 행적은 정황상 스파이나 테러리스트로 오해받기 십상이었다. 설상가상으로 1950년대 초, 미국 사회에 매카시즘[43] 광풍이 불어닥치면서, 이 이력 덕분에

43 냉전 시대에 미국에 불어닥친 공산주의자 색출 열풍. 미국 상원의원 조지프 매카시가 "공산주의자 명단"을 폭로하면서 비롯됨

에르되시의 미국 비자 재발급이 거부된다.

공산국이었던 고국 헝가리의 국경도, 미국의 국경도 넘나들 수 없게 된 에르되시는 자율 반 타율 반으로 진짜 떠돌이가 되어 세계 각지의 수학자들과 더 열심히 교류하며 정수론, 조합론, 그래프이론, 집합론 여기저기에 큰 성과를 남긴다. **램지이론, 해바라기정리, 해피엔드, 약콤팩트기수** 등 모두 에르되시의 실적이다.

특히 1948년에 수학자 셀베르그와 공동 연구했던 '소수정리'의 증명은 특종 사건이었다. 수학계에 빠르게 소문이 퍼져나갔다.

"에르되시와 아무개가 소수정리를 진짜 멋진 방법으로 증명했다는군!"

"내가 아무개라고?"

인지도에서 에르되시에게 밀려 화가 난 셀베르그가 단독으로 논문을 발표해버린다. 2년 후 셀베르그는 이를 인정받아 '지 혼자' 필즈메달을 수상하게 된다.

에르되시 넘버

"다른 지붕에서는 다른 증명을!"

무슨 바람둥이의 모토 같은 에르되시의 슬로건이다. 에르되시는 전 세계 25개국 이상의 수학자들을 만나며 각지의 저널에 엄청난 양의 논문을 발표하는데, 오늘날까지 1,500편이 넘어간다. 수학자라면 그와 한 편 이상 논문을 공저하거나 공저자를 알거나 몇 다리 건너면 에르되시와 인맥이 닿을 수 있었다.

절친 그레이엄은 재미있는 프로젝트를 구상한다. 이는 에르되시의 필살기 '그래프 이론'을 활용하여 논문 공저자끼리 친구를 맺는 작업이었다. 세상의 모든 수학자를 점으로 나타내고 친구(공저자) 관계를 선으로 연결하는 그래프를 만들어 각 수학자(점)에서 에르되시에 이르는 선의 최소 개수를 **에르되시 넘버**라고 정하는 것이었다. 덕분에 수학자들 간에 족보(?)와 촌수가 만들어지게 되었다.

이에 따르면 에르되시 본인은 에르되시 넘버 0, 에르되시와 논문을 공저한 전 세계 512명의 친구는 에르되시 넘버 1, 친구의 친구는 에르되시 넘버 2, 친구의 친구의 친구는 에르되시 넘버 3이 되고, 선이 끊겨 있는 수학자는 에르되시 넘버 무한대∞가 되는 것이었다.

한편, 2편 이상의 논문을 공저한 '넘버 1' 수학자들에게는 단위분수 즉 $\frac{1}{n}$꼴의 넘버를 부여하기도 했다. 28편을 공저한 그레이엄의 넘버는 $\frac{1}{28}$, 62편을 공저한 또 헝가리의 수학자 안드레아 사르코지의 넘버는 $\frac{1}{62}$이 되는 것이었다.

● ● ●

에르되시 넘버 1을 받은 야구선수도 있다. 미국 메이저리그의 홈런왕 행크 에런이다. 1974년 4월 8일, 행크 에런은 39년간 깨지지 않던

베이브 루스의 통산 714호 홈런을 넘어서는 역사적인 715호 홈런을 터트린다. 전 미국이 새로운 홈런왕의 탄생으로 들썩이던 그때! 수학자 포머런스는 714와 715 사이에 흥미로운 규칙을 발견한다.

두 수의 곱은 처음 7개의 소수의 곱과 같으며

$714 \times 715 = 2 \times 3 \times 5 \times 7 \times 11 \times 13 \times 17$

두 수의 소인수의 합도 29로 같아지는 것!

$2 + 3 + 7 + 17 = 5 + 11 + 13$

포머런스는 174와 715와 동일한 규칙을 가지는 연속하는 두 수를 '루스-에런 수'라 칭하고 수학 잡지에 이를 발표한다.

'어라, 무한히 나올 것 같은데!'

잡지를 펼쳐보던 천재에게 촉이 왔다. 에르되시는 포머런스에게 연락하여 루스-에런 수가 무한히 많음을 증명하는 논문을 또 공저한다.

이후 루스-애런 수는 수학계뿐만 아니라 대중들에게 널리 회자되며 21년이 지난 1995년, 이 공로를 인정받아 에르되시와 행크 에런은 에모리대학에서 명예 박사학위를 취득하게 된다. 포머런스는 한 야구공에 두 사람의 사인을 공동으로 받는다. 이제 야구공을 공동 저작(서명)했으니, 행크 에런도 (명예) 에르되시 넘버 1이 된 것이었다.

커피를 정리로 바꾸는 기계

1,500편의 공동 논문을 쏟아낸 에르되시!

866편(에네스톰 넘버 기준)의 단독 논문을 쏟아낸 오일러!

하디는 노년에 집필한 저서《어느 수학자의 변명》에서 중년 이후, 수학적 성과를 내기 어렵다고 말한다. 틀린 말은 아니지만, 오일러와 에르되시라면 50대, 아니 60대 이후에도 자신에게 이런 변명(?)을 하진 않았을 것이다.

76세로 생을 마감한 오일러는 죽는 날에도 제자들과 천왕성 궤도를 계산하고 있었으며 에르되시는 80세가 넘어서까지 왕성하게 강연과 집필활동을 했다.

에르되시는 이렇게 말했다.

"수학자는 커피를 정리로 바꾸는 기계지."

노년에도 커피로 잠을 쫓으며 하루에 4시간만 자고 수학에 올인하는 자신을 비유한 말이었다.

에르되시는 두목에 포획당해 노예[44]가 되진 않았으며 평생을 동정으로 지냈다고 밝혔다. 인터뷰에서 자신은 스킨십이 체질에 맞지 않

44 번역하면 두목=부인, 노예=남편, 에르되시가 결혼을 안 했다는 뜻

는다고 말했으며, 실제로 타인과 악수할 때는 영화 〈E.T.〉의 명장면 처럼 손가락 끝만 살짝 댈 뿐이었다.

에르되시는 1964년부터 7년 동안 어머니와 함께 세계 각지를 여행한다. 50대 떠돌이 수학자의 여정에 80대 노모가 합류한 것이었다. 정착하지 못하고 장가도 안 간 아들이 안쓰러웠지만 두 사람에겐 너무 행복한 시간이었다. 하지만 1971년 1월, 캐나다의 캘거리를 여행하던 도중 사랑하는 어머니가 세상을 떠난다.

이후 에르되시는 슬픔을 잊기 위해 수학에 더 전념한다. 이제 커피를 넘어 각성제 암페타민까지 복용하고 있었는데, 한마디로 수학에 자신의 몸을 갈아 넣고 있었다. 보다 못한 그레이엄은 특별한 제안을 한다. 한 달 동안 암페타민을 끊으면, 상금을 준다는 것! 승부욕이 발동한 에르되시는 한 달을 버텨내고 상금을 수령한다. 하지만 에르되시는 이 시간이 자신의 인생에서 가장 불행했다고 투덜댄다. 각성제가 없으니 아이디어가 떠오르지 않더라는 주장이었다.

> **"자네 덕택에 인류의 수학 발전이 한 달이나 늦춰진 게야."**

감사의 표현을 개그로 승화시키며, 노 수학자는 또 암페타민으로 자신을 갈아 넣었다.

● ● ●

"나는 곧 죽는다."

제자들과 천왕성 궤도를 계산하던 오일러의 말이었다. 에르되시는 강연 중에 종종 이 말을 인용했다. 오일러처럼 수학을 풀다가 멋지게 생을 마감하고 싶다는 뜻이었다.

1996년 9월 20일, 83세의 에르되시는 폴란드 바르샤바에서 열린 학회에서 기하학 문제를 풀었으며, 몇 시간 후 심근 경색으로 사망한다. 에르되시의 유해는 부다페스트로 이송되어 유대인 공동묘지의 부모님 곁에 안장된다. 묘지에는 이렇게 쓰여 있다.

Végre nem butulok tovább.
(더 이상 멍청해지지 않게 되었군.)

현대 수학의 폭주기관차

스킨헤드에 핸섬한 얼굴, 카리스마 넘치는 세계적인 수학자 그로센딕은 어느 날 강연에서 이렇게 말한다.

"57과 같은 소수prime number**를 생각해보죠!"**

웅성대던 청중들이 뿜기 시작했다.

$$57 = 3 \times 19$$

57은 소수가 아닌 합성수로, 암산에 약했던 그로센딕의 흔한 실수였다. 이후 "57"에는 "그로센딕 소수"라는 짓궂은 별명이 붙게 된다.

이를 통해, 두 가지를 알 수 있다.

1. 모든 수학자가 계산을 잘하는 건 아니라는 것

2. 그로센딕이 소수라고 하면, 57도 소수(?)가 된다.

도대체, 얼마나 엄청난 수학자이기에, 합성수를 소수(?)로 만들어 버리는 것일까? 이번 수업은 알렉산더 그로센딕 이야기다.

뇌가 반항아인 남자

1928년, 알렉산더 그로센딕은 독일 베를린에서 유대인 아버지와 독일계 어머니의 아들로 태어난다. 부모님은 모두 중산층 출신이었지만 특권을 버리고, 아나키스트anarchist[45]가 되어 나치와 파시스트 정권에 저항한다. 이로 인해 부모님은 블랙리스트가 되어 독일을 떠나 프랑스에서 도피 생활을 하며 언론에 가명으로 기고문을 올리곤 한다. 하지만 나치에 줄을 선, 비시 프랑스 정권이 들어서며 아버지는 체포되었고, 나치 독일의 수용소에 넘겨져 아우슈비츠에서 처형당하게 된다.

45 무정부주의자

다행히도 어머니는 독일계였기에 아우슈비츠행을 면하고 그로센딕과 함께 남프랑스의 리외크로 수용소Camp de Rieucros에 보내진다. 더 다행이었던 건, 리외크로는 외국인 수용소 중 가장 너그러운(?) 곳으로 수감자의 자녀를 근처 마을의 학교에 통학할 수 있게 해주었다. 그로센딕이 학교에 입학하게 된 것이었다.

하지만, 프랑스어가 서툴렀던 그로센딕은 친구들에게 '프락치'로 불리며 소위 말하는 '학폭'을 당하게 되고, 한 번씩 눈이 뒤집혔던 그로센딕은 "히틀러를 ×여버리겠다"며 수용소를 탈출했다가 추위와 배고픔을 견디지 못해 붙잡혀오는 일이 반복되기도 했다. 이처럼 분노 가득했던 소년의 광기는 어느덧 현실 자각으로 이어지고 그로센딕은 고독과 사색의 시간을 보내며 책을 벗 삼아 자신만의 철학을 쌓아갔다.

이후, 그로센딕은 나치에 저항하는 레지스탕스의 거점이었던 콜레주-리세 세베놀 학교에 진학하여 프랑스어를 익히고 본격적으로 수학 공부를 하게 된다. 하지만, 뇌가 반항아인 남자, 그로센딕은 공식 암기와 단순 문제 풀이를 반복하는 학교 교육에 순응하지 않고, 문제를 창작하기도 했으며, 수학의 이론들을 독자적으로 엄밀하게 정립해나간다.

이를테면, 적분을 학교에서 가르치는 대로 '넓이' 정도로 받아들이지 않았다. 적분의 엄밀한 정의를 생각하던 그로센딕은 독자적으로 '측도'라는 개념을 떠올리며 르베그 적분의 핵심 아이디어에 도달한다. 훗날 그로센딕은 대학에 가서 이 개념이 르베그에 의해 정립되었다는 사실을 알고 놀라게 된다.

1945년

마침내 이차 세계대전이 끝나고, 그로센딕과 그의 어머니는 긴 어둠의 터널에서 벗어나 프랑스 남부 몽펠리에에 정착한다. 이후, 그로센딕은 몽펠리에 대학에 진학하여 수학적 재능을 인정받아 파리의 에콜 노르말 수페리에르École Normale Supérieure[46]와 낭시 대학Nancy-Université에 진출하게 되고, 본격적으로 수학자의 길을 걷게 된다.

대수기하학과 IHES

20세기 중반, 프랑스 파리

여기에는 이름만 들어도 웅장해지는 **앙리 카르탕, 장 디외도네, 앙드레 베유, 로랑 슈바르츠, 장피에르 세르** 등 초일류 수학자들이 즐비했다.

파리에서 세미나에 합류하게 된 풋내기 수학자 그로센딕! 하지만, 체계적인 수학 실력이 부족했기에 초일류 그룹의 연구 속도를 따라갈 수 없었고, 초일류 그룹의 선배들과 공동 연구를 하며 비위를 맞출 만한 사회성(?)을 가지고 있지도 않았다.

46 고등 사범 학교

뭐 어쩌라고?!

그로센딕은 느려도 황소걸음! 주변 수학자들의 속도에 상관없이 스스로의 힘으로 어려운 개념을 하나하나 장착해 나갔으며, 수년 후, 풀 개념을 탑재한 이 황소는 스포츠카로 변신해, 광속으로 폭주하게 된다. 대표적인 에피소드로 지도 교수였던 로랑 슈바르츠가 그로센딕에게 14개의 난제를 주었는데 이 중 절반은 한 달 안에, 나머지는 일 년 안에 풀어버린 것이었다. 이는 슈바르츠는 물론 장 디외도네도 해결하지 못한 것이었다.

그로센딕은 낭시대학에서 〈위상적 텐서곱과 핵공간〉이라는 역대급 논문으로 함수해석학Functional analysis의 신성으로 떠오른다.

그러던 어느 날, 그로센딕은 당시 유행하던 대수기하학Algebraic geometry의 난제를 접하게 된다.

대수기하학이란?

약 400년 전, 근대 철학을 열어젖힌 데카르트는 대수와 기하를 합쳐 좌표기하학을 만들었는데 이게 진화하여 19세기 중반 이탈리아에서 '대수 다양체'를 다루는 '대수기하학'으로 발전한 것이다.

대수기하학과의 만남은 그로센딕에게 운명처럼 느껴졌다. 당시 대수기하학에는 미해결 난제들이 넘쳐나 그로센딕은 마치 금광을 발견한 광부처럼 약속의 땅에 들어선 느낌을 받게 된다.

이에 그로센딕은 돌연 함수해석학에서 대수기하학으로 갈아타고, 훗날 이 약속의 땅에서 다량의 노다지(?)를 캐내게 된다. 대수기하학의 압도적인 일타가 되어 버린 것!

그로센딕은 당시를 이렇게 회고했다.

"그들은 모두 유명한 수학자가 되었지만 30여 년 후, 나는 그들이 우리 시대에 심오한 족적을 남기지 못했다는 걸 알게 되었다."

자신만이 심오한 족적을 남겼다는 뜻이었다.

● ● ●

1958년, 프랑스의 수학자 레옹 모차네와 장 디외도네의 주도로 파리 외곽의 부아 마리Bois-Marie 숲에 'IHES(프랑스 고등과학 연구소)[47]'가 야심 차게 탄생한다. 상파울루대와 하버드대에서 강의를 하던 그로센딕도 러브콜을 받고 이에 합류한다. 이후, IHES는 미국의 프린스턴과 쌍벽을 이루며 현대 수학을 주도하게 된다. 프린스턴의 간판이 아인슈타인이었다면 IHES에서는 그로센딕이 그 역할을 맡게 된다.

좋은 환경과 빵빵한 지원! IHES에서 그로센딕은 속도를 제어할

47 Institut des Hautes Études Scientifique

수 없는 "폭주기관차"가 되어 있었다. 그는 장 디외도네와 함께 인생작 《대수기하학 원론》을 집필했으며, 대수다양체의 한계를 극복하기 위해 '**스킴이론**Scheme Theory'을 도입하는데 이는 대수기하학의 패러다임을 바꾼 혁명이었다. 또한 '**토포스 이론**'과 '**모티브 이론**'으로 수학의 개념을 하나로 묶는 숲을 만들고 나무와 나무를 연결하는 새로운 언어를 제시한다. 여기에 '**에탈 코호몰로지**Étale Cohomology'를 개발하여 위상수학과 대수기하학을 연결하는데, 이는 '베유 추측', '페르마의 마지막 정리' 등 난제를 푸는 도구가 된다.

그로센딕은 문제 해결 전략부터가 달랐다. 이를 '**상승법**Rising Sea'이라고 하는데 어려운 문제가 높은 산이라면 무작정 정상(peak)에 오르기보다 해수면이라는 기반을 충분히 높이면 정상(peak)만이 수면 위에 드러나게 된다는 것이었다.

이런 압도적인 성과 덕분에 그로센딕은 1966년 모스크바 세계 수학자 대회의 필즈메달 수상자로 선정된다. 모두가 예상한 결과였다. 하지만, 소련군이 동유럽에 무력을 행사하자 그로센딕은 모스크바 대회에 불참한다. 대신, 상 자체를 거부하진 않고 IHES의 리더, 레옹 모차네가 대리 수상을 한다.

●●●

이후, 승승장구하던 IHES는 1970년 프랑스 국방부의 군사 자금을 지원받는데, 이에 화가 난 그로센딕은 12년간 몸담았던 IHES를 떠나 사회 운동을 시작한다.

그로센딕은 각지의 사회 운동가와 함께 "생존하라[48]"라는 그룹을 결성하여 반전, 반핵, 환경보호 등의 구호를 외치며 세계 각지를 돌아다닌다. 덕분에 그로센딕은 이혼을 하게 되고, "생존하라"그룹도 의견 대립으로 더 이상 생존하지 못하게 된다.

1980년대 초반 그로센딕은 젊은 날 공부했던 몽펠리에대학으로 복귀했으며 1980년대 말, 환갑 즈음에 은퇴한다.

은둔,
그리고 거절

그로센딕은 은퇴 후, 프랑스 남부 피레네 산맥 기슭의 작은 마을 라세르Lasserre에서 은둔생활을 시작했으며, 학계는 물론, 웬만한 지인들과 절연한다.

스웨덴 왕립학회에서는 그로센딕의 업적을 기려 크라포드상 수상자로 선정했으나, 어렵게 연락이 닿은 그로센딕은 수상을 거절한다. 거절 사유는 요약하면 이러하다.

48 Survivre et vivre

1) 교수 월급과 연금 이상의 돈이 필요하지 않고

2) 상을 받는 이의 풍요는 타인의 결핍의 대가이며

3) (업적을 낸) 25년 전과 지금의 나는 많이 다르고

4) 윤리적으로 타락한 과학계에 동조할 수 없다는 것

거절을 가장한 거장의 쓴소리는 깊은 울림으로 퍼져나간다.

2014년 11월 13일, 그로센딕은 평소의 소신처럼 조용히 세상을 떠난다. 향년 86세였다.

현대 수학자 중 단 한 명을 위대한 수학자 반열에 올려야 한다면 아마도 그로센딕일 것이다.

"문제를 해결하려면, 기반을 새롭게 정의하라"

- Alexander Grothendieck

페르마 × 와일즈

킬러문항의 출제자와 해결사

1963년 영국 케임브리지, 10살 소년 앤드루 와일즈는 하교하는 길에 도서관에 들렀다가 이런 정리를 만나게 된다.

3 이상의 자연수 n에 대하여
$a^n + b^n = c^n$을 만족하는
세 자연수 a, b, c의 쌍은 없다.

"쉬워 보이는 데, 300년 넘게 아무도 풀지 못했다니!
내가 언젠가 풀고 말 테야."

문제는 누구나 쉽게 읽을 수 있지만 약 350년간 아무도 풀 수 없었던 **페르마의 마지막 정리**였다.

이번 수업은 지구에서 가장 유명한 킬러문항의 출제자 페르마와 해결사 와일즈의 이야기다.

피에르 드 페르마

피에르 드 페르마
1607~1665, 프랑스

1601년 페르마는 프랑스에서 부유한 상인이자 정치인의 아들로 태어난다. 페르마는 법학을 공부하여 변호사 및 공직에 평생을 근무했으나 짬이 나면 친구들과 어울리지 않고, 수학을 푸는 독특한(?) 취미를 가진 '아마추어' 수학자였다.

젊은 시절, 페르마가 접했던 책은 디오판토스의 《아리스메티카》였다. 페르마는 이를 통해 피타고라스 수, 즉 피타고라스 정리 $\boldsymbol{a^2+b^2=c^2}$를 만족하는 세 정수 a, b, c의 쌍과 정수해를 가지는 부정방정식을 공부하면서 정수론에 빠지게 되고, 다양한 정리들을 쏟아낸다.

대표작으로 페르마 소수 F_n은 $\boldsymbol{F_n=2^{2^n}+1}$($n$은 0 이상의 정수) 꼴의 소수로 $n=0, 1, 2, 3, 4$를 대입하면 3, 5, 17, 257, 65537과 같이 소수가 만들어지는데, 150년 후 가우스는 19살의 나이에 17이 페르마 소수임을 이용하여 정17각형의 작도가 가능함을 밝혀낸다. 가우스 편에서 언급했듯이, 이는 이론적으로 정257각형과 정65537각형의 작도도 가능하다는 의미였다. 여기에 오일러는 $n=5$일 때 $F_5 = 2^{32} + 1 = 4294967297 = 641 \times 6700417$이 소수가 아님을 밝혀내면서 오늘날까지 5 이상의 자연수 n에 대하여 $2^{2^n} + 1$꼴의 소수는 나타나지 않고 있다. 만약 새로운 페르마 소수들을 찾거나 없음을 밝히면 필즈메달의 유력 후보가 될 것이다.

또한 페르마의 이름에서 나온 FLT, 이는 수학에서 두 가지 의미를 가진다.

Fermat's Little Theorem (페르마의 소정리)

Fermat's Last Theorem (페르마의 마지막 정리)

페르마의 소정리는 다음과 같다.

정수 n과 소수 p에 대하여

$$n^p \equiv n(mod\ p)$$

여기에서 $a \equiv b(mod\ p)$란 '두 정수 a, b를 자연수 p로 나눈 나머지가 같다'는 뜻으로 페르마의 소정리는 'n^p과 n은 p로 나눈 나머지가 같다'는 이론이었다.

참고로 $n=2, p=7$로 잡으면 $2^7 \equiv 2(mod\ 7)$이다.

오늘부터 $2^7 = 128$일 후와 2일 후는 7로 나눈 나머지가 같으므로 같은 요일! 오늘이 월요일이면, 128일 후는 수요일이 되는 것이다.

오늘날 정보화 사회를 지탱하는 RSA 암호체계[49]는 암호를 매머드급 소수의 곱으로 만들어 놓고 "풀 테면 풀어봐!"라는 식이었다. 말 그대로 발생의 전환! $n \geq 5$일 때 페르마 소수의 존재 여부를 밝히기 어렵듯, 매머드급 소수의 곱을 역으로 소인수분해 하는 것은 컴퓨터에도 어려운 일이었다. 페르마는 이렇게까지 될 줄 몰랐겠지만, RSA 암호의 핵심이 페르마의 소정리다.

이처럼 페르마의 정수론 연구는 하나같이 엄청난 파장을 일으키며 회자되는데, 이 중 가장 유명한 건 두 번째 FLT! 오늘날 페르마의 명성을 만든 그 킬러문항이다. FLT가 없었다면, 지금 이 단원도, 페르마 수학학원도 없었을 것이다. 지금부터의 FLT는 페르마의 마지막 정리를 일컫는다.

한편 페르마는 당시 유럽 수학계를 주도하던 파리 아카데미에서 수학자들과 교류하며 정수론 외에도 많은 성과를 낸다. 데카르트와 비슷한 시기에 해석기하학을 만들었고 충분히 작은 양의 실수 h에 대하여 $\frac{f(a+h)-f(a)}{h}$가 0에 가까워질 때 함수는 극대 또는 극소가 된다는 미분의 아이디어를 만들었으며, 파스칼과 확률 문제에 관한 서신을 교환하다가 확률론까지 만들었다. 킬러문항 하나로 세계적인 이름이 되긴 했지만, 수학자 페르마의 위상은 아마추어

49 1977년 리베스트Rivest, 샤미르Shamir, 에이들먼Adleman이 만든 암호체계로 RSA는 3명의 이니셜로 만든 이름이다.

냐 프로냐를 넘어 비유하자면 발롱도르급 수학자로 봐도 무방할 것이다.

역대급 킬러문항

남기는 정리마다 어그로를 끌었던 페르마! 이는 정리의 중요도 때문이기도 했지만, 정리만 던져놓고, 증명은 독자에게 남기는 페르마의 습관 때문이기도 했다.

1637년! 페르마는 자신이 소장하던《아리스메티카》의 여백에 FLT의 공식과 함께 이런 메모를 남긴다.

"나는 경이로운 방법으로 증명에 성공했으나 여백이 부족하여 이를 생략한다."

사람들은 도대체 페르마가 어떻게 증명한 건지, 혹시 페르마가 증명했다고 허풍 떠는 건 아닌지 설왕설래했고, 수많은 지성인이 메모에 낚여 증명에 도전하게 된다.

하지만 약 130년 동안 FLT는 특별한 진전이 없다가 18세기 최고의 수학자 오일러는 페르마가 끄적거린 $n=4$일 때의 아이디어인 '무한강하법'을 발전시켜 $n=3$, 4일 때, FLT의 증명에 성공한다.

오일러가 증명한 FLT의 일부분

$$a^3 + b^3 = c^3, \quad a^4 + b^4 = c^4$$

을 만족하는 자연수해는 없다.

약 50년 후, 여성 수학자 소피 제르맹은 가우스에게 $n = 5$일 때의 증명을 편지로 보내 찬사를 받았지만, 정작 가우스는 진위를 가릴 수 없다며 참전하지 않았으며 제르맹은 내친김에 제르맹 소수, 즉 p와 $2p + 1$이 모두 소수인 소수 p에 대하여 FLT가 참이라고 주장한다. 1837년 페터 디리클레는 $n = 14$일 때 증명에 성공했으며, 1850년 에른스트 쿠머는 n이 정규 소수일 때 증명에 성공한다.

이후 제법 많은 자연수에 대해 FLT가 증명되지만, 자연수의 무한 제국은 좀처럼 정복될 기미가 보이지 않았다.

●●●

1900년대 초! 파울 볼프스켈이라는 성공한 사업가이자 아마추어 수학자도 FLT에 도전 중이었다. 그는 한 여성에게 구애했지만 거절당하자 상심한 나머지 디데이를 정하고 그날 자정에 자살을 계획한다. 이윽고 디데이가 되자, 신변 정리와 유서 작성을 마친 볼프스켈은 자정까지 남은 시간 동안 도전 중이었던 FLT를 풀게 되었고, 증명에 빠져 죽기로 계획했던 자정을 훌쩍 넘겨버린다.

볼프스켈은 준비했던 권총을 집어넣었다. 생각해보니 FLT는 실연을 잊게 해주고, 디타임을 놓치게 해준 생명의 은인이었다. 볼프스켈은 감사의 마음으로 괴팅겐 과학원에 10만 마르크를 기증한다. 100년 이내에 FLT를 최초로 증명하는 사람에게 상금을 준다는 명목이었다.

거액의 상금이 알려지자, 각지에서 수학 좀 한다는 지식인들이 FLT의 증명에 참전하여, 첫해에만 600여 개의 잘못된 증명이 날아들었고, 괴팅겐의 수학과장 란다우는 검수하다 지쳐 조교들에게 이를 떠넘기게 되었으며, 페르마의 이름은 악명 높은 킬러문항 출제자로 역주행하게 된다.

앤드루 와일즈

1953년 영국 케임브리지에서 수학 신동 앤드루 와일즈가 태어났다. 10살의 나이에 FLT를 운명처럼 만나게 된 와일즈는 큰 뜻을 품고 옥스퍼드대학 수학과에 입학, 학부를 마치고 대학원에 진학하면서 본격적으로 FLT의 증명에 도전하게 된다.

하지만 특별한 진전이 없었고 기간 내에 FLT를 풀지 못하면 학위를 받을 수 없었기에 지도 교수는 대안으로 타원곡선 공부를 추천했고 와일즈는 '꿩 대신 닭!' 타원곡선으로 1979년에 박사 학위를 획득한다.

그런데 1957년에 두 일본 수학자 타니야마와 시무라는 모든 타원곡선은 모듈러 형식과 대응된다는 **모듈러성 추론**(타니야마-시무라 추론)을 발표하였고, 1986년에는 독일 수학자 게른하르트 프레이는 모듈러성 추론이 맞다면 FLT도 증명할 수 있다고 주장한다.

아하!

와일즈는 기회가 왔음을 직감한다. '닭인 줄 알았던 타원곡선이 꿩이었다니!' 이후 와일즈는 7년간 두문불출하며 FLT의 증명에 인생을 갈아넣는다.

●●●

1993년 6월! 케임브리지 역사적인 장소, 뉴턴 연구소에서 와일즈는 다소 애매한 제목의 3일간의 강연을 준비한다.

모듈러 형식, 타원곡선, 갈루아 표현

이틀간의 강연이 끝나고 마지막 날이었던 6월 23일! 강연장에는 기념비적인 순간을 직감한 200여 명의 청중이 몰려들었다. 긴 강연 끝자락에 와일즈는 칠판에 '페르마의 마지막 정리'라고 적으며 역사적인 멘트로 마무리한다.

"이쯤에서 마치는 게 좋겠습니다."

이는 350년 동안 도전과 실패를 반복했던 킬러문항의 잔혹사를 마친다는 뜻이었다. 청중들은 우레와 같은 환호로 답했으며, 다음날 주요 일간지는 이 멘트를 헤드카피로 하는 "마침내 FLT가 풀렸다"는 뉴스를 톱기사로 전했다. 수학이 톱기사가 되는 흔치 않은 일이 발생한 것이다.

강연 제목에서 알 수 있듯이 '와일즈의 FLT 증명'은 타원방정식과 모듈러 형태, 갈루아 이론을 망라하고 수학의 대통합이론 '랭글랜즈 프로그램'을 도입하여 탄생시킨 현대 수학의 가장 위대한 성과였다. 1993년의 증명은 작은 오류가 발견되어 와일즈가 이를 보정하고 마침내 1995년! FLT의 공인 해결사로 인정받게 된다.

와일즈는 자신의 성과에 대해 이렇게 비유한다.

"칠흑같이 어두운 아파트에서 6개월간 부딪히고 넘어지면서, 가구의 위치를 그려나가고, 마침내 전등의 스위치를 발견하는 과정"

6개월도 아닌 7년간의 암흑 속에서 FLT라는 전등불을 켜낸 와일즈에게 수학의 노벨상 필즈메달은 따논 당상이었지만, 필즈메달의 나이 제한인 40세를 갓 넘겨버린 와일즈에게는 아쉽게도 1998년, 필즈메달 특별상이 주어지게 된다.

4년에 한 번 필즈메달을 수여하는 ICMInternational Congress of Mathe-maticians에서는 실제 필즈메달을 타는 수학자들보다 특별상을 타는 와일즈에게 전 세계의 이목이 집중되기도 했다. 와일즈는 필즈메달과 함께 3대 수학상으로 꼽히는 아벨상, 울프상까지 휩쓸었고, 페르마상도 수상하게 되는데, 이는 서로에게 더 특별한 의미였을 것이다. 볼프스켈 상금은 어떻게 되었을까? 다행히도 100년의 유효기간이 10년쯤 남아, 와일즈의 몫이 되었다.

이후 영국에서 와일즈 경은 왕립학회 회원, 대영제국 훈장을 수여받으며 현존하는 최고의 지성으로 살아가고 있다.

21세기를 준비하던 수학계는 내친김에 와일즈의 조언을 받아 '밀레니엄 7대 난제'를 선정하고 한 문제에 100만 달러(!)라는 엄청난 상금을 준비한다.

밀레니엄 7대 난제

- P-NP 문제
- 호지 추측
- 푸앵카레 추측
- 리만 가설
- 양-밀스 질량 간극 가설

- 나비에-스토크스 방정식
- 버치-스위너턴다이어 추측

7대 난제에는 '푸앵카레의 추측'도 있었는데, '킬러문항 잔혹사 2탄'격인 다음 수업에서 만나게 된다.

푸앵카레 × 페렐만

초천재 출제자 vs 은둔형 해결사

1904년 프랑스의 수학자 앙리 푸앵카레는 훗날 밀레니엄 난제가 되는 '푸앵카레의 추측'을 발표하며 이렇게 말한다.

"이 문제는 우리를 아주 먼 곳으로 이끌 것이다."

이후 100년쯤 지난 2002년, 러시아의 수학자 그레고리 페렐만이 마침내 푸앵카레의 추측을 증명하여 '푸앵카레의 정리'로 승격시킨다. 하지만 필즈메달과 각종 상은 물론 상금까지 거절하는데…

이번 수업은 **초천재 출제자 푸앵카레**와 **은둔형 해결사 페렐만**의 이야기다.

앙리 푸앵카레

앙리 푸앵카레는 1854년에 프랑스 낭시에서 의대 교수의 아들로 태어난다. 유년기부터 수학에 재능을 보인 푸앵카레는 나폴레옹이 건립한 유럽 최고의 이공대 에콜 폴리테크니크에 수석 입학, 차석 졸업한다. 23살에는 파리대학 이학 박사학위를 받고, 25살에 캉대학 교수, 27살에 소르본대학 천문학 교수가 된다. 여담이지만 훗날 사촌이었던 레몽 푸앵카레는 프랑스 대통령을 역임한다. 한마디로 푸앵카레는 초엘리트 집안에서 초엘리트 코스를 밟은 초천재였다.

젊은 날, 푸앵카레의 관심사는 **'삼체문제'**였다. 이는 삼체三體 즉, 세 물체 사이에 중력이 어떻게 작용하고 어떤 궤도로 움직일 것인지 예측하는 것으로, 18세기에 아이작 뉴턴이 도전했지만 이렇다 할 결과물이 없었고, 이후 라그랑주는 태양과 지구, 달의 중력이 평형을 이루는 우주정거장 **라그랑주 포인트** 다섯 지점을 발견한다. 하지만 라그랑주 포인트는 삼체문제의 특수해에 불과했고, 오늘의 주인공 푸앵카레는 '**삼체문제의 일반해가 존재하지 않음**'을 증명하였으며, 이에 따른 복잡계의 연구는 카오스 이론의 토대가 된다.

1902년에는 역대급 과학서《과학과 가설La Science et l'Hypothèse》을 출간한다. 일반 독자를 대상으로 썼다고는 하지만, 천재들의 이런 말을 함부로 믿어서는 안 된다. 이 책에서 푸앵카레는 수 체계, 기하학, 광학, 천제역학, 열역학, 전자기학, 물질론 등 당대의 수학, 과학의 진수를 보여주었으며, 푸앵카레가 제안하는 수학과 과학의 연구 방법론은 큰 반향을 일으킨다.

“집은 돌로 지어지지만, 돌무더기가 집은 아니다.”

푸앵카레는 단순 사실의 축적이 과학이 아니라, 사실을 어떻게 축적하는가가 과학의 핵심이라고 말한다. 또한, 수학과 과학 이론은 컨벤셔널, 즉 편리성에 근거를 둔 규약이라는 컨벤셔널리즘을 주장한다. 예를 들어

수학에서 **유클리드 기하학 vs 비유클리드 기하학**

과학에서 **뉴턴 역학 vs 라그랑주 역학**

이들은 각각의 공리를 믿으면 독자적으로 진리일 뿐! 비슷하게 미터법은 일정 길이를 ‘1미터’라고 정하는 것으로 ‘미터법의 진위를 따질 필요는 없다’라는 것이었다.

또한 푸앵카레는 양자역학의 양자화, 중력파를 제안하고, 아인슈타인에 앞서 ’특수 상대성이론’을 수학으로 예견한다.

푸앵카레의 추측

수학에서 푸앵카레는 ‘위상수학의 아버지’라는 말로 요약된다. 위상수학은 도형을 늘이거나 줄여서 포개어지면 같은 것, 즉 위상동형homeomorphic으로 보는 일명 ‘고무판 기하학’으로 위상수학에는 흥미로운 도형들이 등장했다.

쾨니히스베르크의 다리 | 뫼비우스의 띠 | 클라인 병

이 중 클라인 병bottle은 원기둥 모양의 긴 호스를 도넛처럼 말아 붙이기 직전, 호스를 비틀어 반대편 입구에서 나가는 방향으로 붙이면 만들어진다.

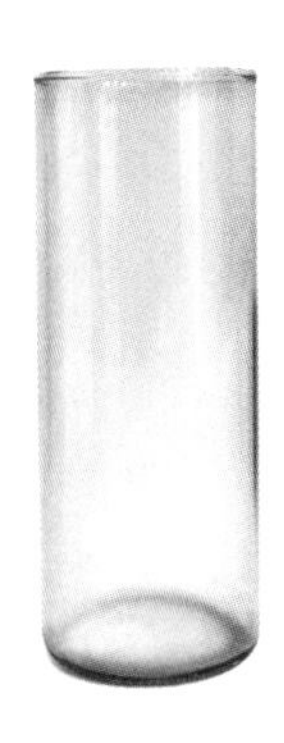

원기둥(좌), 클라인 병(우)

도넛은 안쪽 면과 바깥쪽 면이 구분되지만, 클라인 병은 안과 밖의 구분이 없는 사실상 3차원에서 불가능한 초현실 도형이다.

수학자들은 클라인 병을 모티브로 구를 자르지 않고 뒤집는 시도를 했으며 1957년에 스티븐 스메일은 '구 뒤집기'에 성공한다. 단, 구가 자신의 표면을 뚫을 수 있다는 조건이었다. 언젠가 현실에서 클라인 병의 구현이 가능해지면, '귤 안 까고 먹기'가 가능해지며, 우리가 우주라는 4차원 유리병 속의 개미라면, 우주 밖으로 나갈 수 있게 된다.

이 대목에서 1904년에 푸앵카레가 던진 추측이 소환된다.

푸앵카레의 추측

단일연결이며 콤팩트한 3차원 다양체는
3차원 구면 $x^2 + y^2 + z^2 + t^2 = r^2$와 위상동형이다.

단일연결이란 팽팽하게 당기면 하나의 점이 된다는 뜻이며, 콤팩트하다는 건 경계 없이 무한히 뻗어 나가지 않는다는 뜻이다. 쉽게 말해 콤팩트한 우주의 어느 한 점에서 우주에 무작위로 로켓을 쏘아 제자리에 왔을 때, 항상 실이 당겨지면 우주는 3차원 구면과 위상동형이라는 것!

이 황당한 문제는 그나마 문제라도 쉽게 읽히는 '페르마의 마지막 정리'처럼 아무나 도전하진 않았지만, 위상수학의 대가들도 오랫동안 실마리를 찾지 못했다.

첫 실마리는 구 뒤집기에 성공한 스티븐 스메일이 풀어낸다. 5차원 이상의 모든 차원에 대한 푸앵카레의 추측을 증명한 것이었다. 스메일은 이 공로로 1966년에 필즈메달을 수상한다.

스메일 이후, 마이클 프리드먼과 사이먼 도널드슨은 4차원에서 푸앵카레의 추측을 증명해낸다. 여기에서 이상한 점은 이 추측은 차원이 높을수록 풀기 쉽다는 점인데, 바닥에 엉켜있는 실의 매듭을 바닥에서 푸는 것보다 공간에서 푸는 게 쉬운 것과 같은 맥락이다. 1986년에 프리드먼과 도널드슨도 필즈메달을 수상한다.

이제 누군가 3차원에서 푸앵카레의 추측을 해결한다면 필즈메달은 기본! 역대급 수학자의 한자리를 차지하는 것이었다.

그레고리 페렐만

2000년, 미국의 클레이 수학연구소는 21세기가 풀어야 할 '밀레니엄 7대 난제'를 선정하고 한 문제에 100만 달러! 엄청난 상금을 준비하는데, 여기에는 '푸앵카레의 추측'도 포함되어 있었다.

5년 전인 1995년, 350년 묵은 난제 '페르마의 마지막 정리'가 증명되었고, 푸앵카레 추측도 4차원 이상에서는 증명되었지만 3차원에서 이 추측은 박스에서 뒤엉킨 매듭처럼 풀리지 않고 있었다.

● ● ●

1666년 수학의 도시, 상트페테르부르크(과거의 레닌그라드)에서 오늘의 두 번째 주인공 그리고리 페렐만이 태어난다. 아버지는 전기기술자, 어머니는 수학 교사였으니, 수학을 잘할 수밖에 없는 환경이었다. 초등학교 시절 페렐만은 체육을 제외하고 전교 1등이었으며, 5학년 때 국립 수학학원에 다니며 본격적인 수학도가 된다. 1982년, 16세에는 국제 수학올림피아드에 참가하여 만점으로 금메달을 수상하였으며 이후 레닌그라드대학에서 박사학위를 획득하고, 상트페테르부르크의 스테클로프 수학 연구소에 근무하며 1994년에 리만 다양체의 '영혼 추측'을 증명하여 유럽 수학회의 상을 수상하지만 불참한다. 미국의 스탠퍼드와 프린스턴에서는 이 천재에게 교수직을 제안하지만, 페렐만은 이를 거절하고 스테클로프에 남게 된다.

●●●

한편 윌리엄 서스턴은 3차원 다양체의 여덟 가지 모델을 제안하는데, 이게 바로 '**기하화 추측**'이다. 1982년 서스턴은 이를 인정받아 필즈메달을 수상한다.

시간은 흘러 21세기가 시작되고, 오늘의 주인공 페렐만은 기하화 추측에 주목한다. 이 여덟 가지 우주 모델 중 하나는 '구면'이었으니 기하화 추측이 증명된다면, 푸앵카레 추측은 덤으로 증명되는 것! 푸앵카레는 리치 흐름이라는 도구를 사용하여 '기하화 추측'과 '푸앵카레 추측'의 증명을 아카이브라는 미국의 논문 사이트에 불쑥 올린다.

누군가의 장난 같았던 이 논문은 3년간의 검증 기간을 거쳐 참으로 판명된다. 한 방에 2개의 추측을 정리로 승격시킨 페렐만은 세계적인 수학자로 등극하며, 웬만한 상은 따 놓은 당상이었다. 하지만 논문 발표부터 예사롭지 않았던 페렐만은 필즈상은 물론, 클레이 연구소가 내건 100만 달러의 상금도 거절해버린다. 거절 사유는 이러했다.

"내가 우주의 비밀을 쫓고 있는데, 어떻게 100만 달러를 쫓겠는가!"

밀레니엄 난제를 풀고도, 부와 명예를 걷어차 버린 수학자 이야기는 세계적인 뉴스가 되었고 언론사들은 이 수학자의 비밀을 쫓게 되지만, 한국의 EBS를 포함, 모든 언론사의 취재도 거절당한다. 이후 페렐만은 잠적 후 노모와 함께 은둔형 수학자로 살아가고 있다.

출제자 vs 해결사

페르마의 마지막 정리와 푸앵카레의 정리! 이쯤에서 한 번쯤 이런 생각을 하게 된다.

출제자 vs 해결사, 누가 더 위대한가?

우선, 두 정리 모두 '와일즈의 정리', '페렐만의 정리'가 아닌 '페르마의 정리', '푸앵카레의 정리'로 불리는 것만 봐도, 대중에게 출제자의 이름이 각인되는 것은 분명하다.

'**출제자 vs 해결사**' 논쟁은 '**질문 vs 답**' 중 무엇이 중요한가와 맥락이 닿아있다.

1964년 물리학자 피터 힉스는 '힉스입자 가설'을 발표한다.

"우주가 태어난 빅뱅 때, 모든 입자에 질량을 전해주고,
사라진 신의 입자가 있습니다."

멋진 가설이지만, 증거가 없으니 믿을 수 없었다.

하지만, 반세기가 지나고 유럽입자물리연구소CERN에서 대형강입자가속기LHC를 이용하여 검출된 소립자가 '힉스 입자'와 특성이 같다는 것을 보이자, 2013년에 힉스는 노벨 물리학상을 수상하게 된다. 이는 와일즈가 증명했지만, 페르마가 필즈상을 탄 격으로, 출제자의 위대한 질문을 인정해준 것이었다.

또한, 2004년에는 DARPA[50]의 자율주행 챌린지 대회가 캘리포니아 모하비 사막에서 열린다. 총 240km의 대장정이었지만 11km 주행이 1등이었을 정도로 참가팀 전원이 패자로 보이는 대회였다. 하지만 이 대회의 실패는 '자율주행'에 대한 전 세계의 어그로를 끌었고 자율주행차 산업이 폭발적으로 발전하는 계기가 된다.

그렇다고, 해결사의 업적이 덜 위대한 건 아니다.

페르마의 정리 | 푸앵카레의 정리

이런 난제의 해결은 한마디로 '현대 수학 토털 패키지'로 당시 페르마나 푸앵카레가 여백이 매우 충분했어도 풀 수 없었을 것이다.

● ● ●

50 Defense Advanced Research Projects Agency. 미 국방성 산하의 과학기술연구소

오늘날 푸앵카레는 뉴턴, 가우스처럼 수학, 과학 다 되는

The Last Universalist!

이과계 마지막 종합 지식인으로 불린다.

히로나카 × 허준이

필즈메달 평행이론

2000년 서울 서초 ——

시인이 되겠다고 학교를 자퇴한 H군! 하지만 시는 안 쓰고 PC방에서 게임을 하고 있었다. H군은 훗날 대학을 6년이나 다니며 방황하다 한 스승을 만나면서 수학자의 길을 걷게 되는데…

히로나카 헤이스케

히로나카 헤이스케는 1931년 4월 9일 일본 야마구치현에서 태어난다. 네 자녀를 둔 아버지와 한 자녀를 둔 어머니가 재혼하여 히로나카를 포함한 10명의 형제를 낳았기에 히로나카는 축구팀을 꾸리고도 남는 15형제 중 일곱째였다.

아버지는 상인으로 성공하여 3천 평대의 지주가 되기도 했지만, 1945년의 이차 대전 패전과 1946년의 농지 개혁으로 가운이 절체절명으로 기울자, 체면을 버리고 행상을 시작한다. 한편, 어머니는 15명의 자녀를 키우느라, 개별 관리가 안 되어 '가이드라인' 위주의 교육, 예를 들어 **"결석하지 마라"**, **"피해 주지 마라"**, **"죽지만 마라"** 처럼 수학의 공리 같은 원칙을 정해주었다. 히로나카의 어머니는 어린 히로나카가 질문하면 생각하는 방법을 알려주었다.

히로나카의 어린 시절 관심사는 수학이 아니라 음악이었다. 초등학교를 졸업할 즈음에는 일본 고유의 창인 로쿄쿠[51]를 부르는 가수 히로사와 토라조의 팬으로 자신도 로쿄쿠 가수를 꿈꾸기도 했으며 고등학교 때는 멋진 피아니스트가 되고자 건반이 닳도록 연습한다.

어느 날, 동네 음악회에서 피아노 연주 실력을 발휘할 기회를 얻은 히로나카는 야심 차게 준비한 쇼팽의 야상곡을 연주한다. 그런데 페달을 밟지도 않고 연주하여 혹평을 받게 된다. 히로나카는 사실 피아노에 페달이 있다는 사실조차 몰랐다고 한다. 이에 피아노는 자신의 길이 아님을 알고 방황하게 된 히로나카는 피아노의 빈자리를 채워줄 이상형을 만나게 되는데…

바로, 수학이었다.

51 일본의 전통 음악의 한 장르로 '나니와부시'라고도 한다. 한국의 판소리에 비견되기도 한다.

히로나카에게 수식은 악보처럼, 비율은 아름다운 화음처럼 다가왔다. 수학에 빠져들어 열심히 공부한 히로나카는 1950년! 드디어 교토대학 이학부에 입성한다. 교토대학을 고집한 이유는 누나가 교토로 시집을 간 것도 있었지만, 일 년 전 1949년에 노벨 물리학상을 수상한 유카와 히데키가 교토대학에 있기 때문이었다.

대학 2학년까지 히로나카는 물리와 수학을 동시에 공부하며, 아인슈타인의 통일장 이론에 빠져든다. 전자기학의 거장 맥스웰이 수학으로 전기력과 자기력을 통합시켰듯이, 아인슈타인도 중력과 전자기력을 수학으로 통합하고 싶었지만, 실패했다는 사실은 젊은 이학도의 호기심을 자극했다.

수학 물리 수학 물리… 수학!

젊은 이학도는 음악처럼 아름다운 수학을 선택한다. 피아니스트를 꿈꾸던 늦깎이 수학자의 여정이 시작된 것이었다.

●●●

대학 3학년, 수학에 한참 빠져 있던 히로나카는 교토대학의 한 대수기하학 세미나에 참석하게 된다.

세미나에서는 '특이점 해소'라는 대수기하학의 난제가 소개되었는데, 특이점이란 교차점, 뾰족점과 같이 매끄럽게 연결되지 않은 점을 뜻한다. 예를 들어, 롤러코스터의 실제 궤도는 스무스하지만,

궤도의 그림자에는 다양한 특이점이 발생한다.

'특이점 해소라!'

히로나카는 세상의 많은 번뇌가 '특이점'이라면, '특이점 해소'는 번뇌를 떨치는 것! 즉, 부처에 도달하는 거란 생각이 들었다. 히로나카는 특이점 생각에 잠을 이룰 수 없었다. 뭔가 자신만이 할 수 있고, 해야 한다는 사명감이 들었던 것이다. 이때부터 히로나카는 '특이점 해소'를 풀어내기 위해 '대수기하학' 공부에 올인했으며, 교토대학 대학원에 진학하게 된다.

어느 날 히로나카는 교토대 특별 초청으로 마련된 대수기하학의 지존, 오스카 자리스키 하버드대 교수의 대수기하학 강의를 듣게 된다. 자리스키는 '대수다양체의 특이점 해소'를 3차원까지 성공한 인물로 그의 강연은 히로나카에게 큰 영감을 주었다. 자리스키는 한 달간 일본에 머물 예정이었는데, 히로나카는 자리스키 앞에서 발표할 기회를 얻었고 실력을 인정받아, 26세에 하버드대학으로 유학을 가게 된다. 그것도 자리스키 제자 자리였다.

●●●

천재들이 우글대는 하버드! 하루 종일 고민해도 이해가 안 가는 내용을 보자마자 뚝딱 이해하는 동료들을 보면서 히로나카는 인생의 신조를 정한다.

“머리가 달리니, 두 배 공부할 거야.”

느려도 황소걸음으로 뚜벅뚜벅 ‘특이점 해소’를 위한 퍼즐을 맞춰 나간다. 1958년 유학 2년 차에는 세계적인 석학 알렉산더 그로센딕의 하버드 초청 강연이 있었다.

그로센딕이라니!

유대계라는 이유로 나치 독일 시절 수용소를 전전했지만, 역경을 딛고 세계적인 수학자로 떠오른 대단한 인물이었다. 불과 2년 전, 그로센딕은 해석학에서 대수기하학으로 갈아탄 상태였기에 세 살 차이였던 그로센딕(형)와 히로나카(동생)는 금방 친해지게 되었다. 그로센딕은 히로나카의 ‘특이점 해소’ 연구에 무한 관심을 보였고, 히로나카는 ‘폭주기관차’같았던 그로센딕의 미친(?) 문제해결력에 빠지게 되었다.

1959년 히로나카는 그로센딕의 초대로 유럽의 프린스턴 격인 IHES에 반년간 유학하면서 많은 영감을 얻고 미국으로 복귀한다. 히로나카는 하버드에서 박사 학위를 취득하고 ‘특이점 해소’에 관한 도전을 계속하지만 번번이 실패했으며, 그로센딕은 응원은커녕 농담처럼 ‘특이점 해소에 실패하는 방법’을 던져준다. 하지만 히로나카는 4차원에서 ‘특이점 해소’에 성공한 데 이어, 1960년에는 역대급 논문을 발표한다.

〈표수 0인 체상의 대수적 다양체 특이점의 해소〉

이는 모든 차원에서 특이점 해소에 성공한 대단한 사건이었다. 이 논문의 별명은 '히로나카의 전화번호부'였는데, 전화번호부 책 두 권에 달하는 엄청난 분량의 논문이었다.

수학의 노벨상, 필즈메달

4년마다 열리는 세계 수학자 대회 ICM은 필즈메달을 시상하는 세계 최대의 수학 축제다.

필즈메달은 수학자 존 찰스 필즈가 제안하여, 1936년에 두 명의 수상자를 배출했으나, 이차 세계대전으로 중단되었고 1950년에 재개되었다. 메달은 4년마다 40대 이하의 특별한 성과를 낸 수학자에게 수여되고 있었다.

1966년 모스크바 ICM에서 35세의 히로나카는 특이점 해소의 공로를 인정받아 당당히 필즈메달 후보에 이름을 올린다. 대회 당일, 위원회가 발표한 필즈메달 수상자는

마이클 아티야 | 폴 코언 | 스티븐 스메일 | 그로센딕

이 네 명이었다. 그로센딕의 수상 이유는 대수기하학에 '스킴 scheme', '에탈 코호몰로지 étale cohomology'라는 초강력 엔진을 장착시킨 공로였으며, 아쉽게도 히로나카의 이름은 없었다. 그로센딕을 포함한 네 명의 수상자는 각 분야에서 최고로 평가받는 수학자들이다.

필즈메달은 40세 이하만 수상하기에 이제 히로나카에게 남은 기회는 한 번뿐이었다.

4년 후

1970년 9월, 프랑스 남부의 황홀한 여행지 니스에서 열리는 16차 ICM에서 39세의 히로나카는 '특이점 해소'의 공로를 드디어 인정받아 필즈메달을 수상하게 된다. 대수기하학의 최고 권위자인 그로센딕이 히로나카의 업적을 소개하는 강연자로 나섰으며, 16년 전 고다히라 구니히코 이후, 동양인이자 일본인으로서는 두 번째 필즈메달이었다.

이후, 프랑스에서는 히로나카에게 나폴레옹이 제정했던 레종도뇌르 훈장을, 일본에서는 문화 훈장을 수여했으며 히로나카는 하버드대 수학과 교수로 스카우트되어, 7년간 학생들을 가르치고 하버드 명예교수가 된다.

허준이와 평행이론

2008년 서울대에서는 '노벨상 프로젝트'를 가동하여 세계적인 석학 모시기에 공들인다. 그 결실로, 필즈메달 수상자이자 하버드 명예교수인 히로나카를 영입하는 데 성공한다. 히로나카의 대수기하학 강의는 개설 즉시, 100명이 넘는 서울대 이과생들이 수강 신청을 하여 강의실을 가득 메웠다. 하지만 제아무리 서울대 이과생이어도 세계적인 석학의 수학 강의를 이해하기는 어려웠다. 결국 100명 넘는 학생 중 한 자릿수의 학생만 남았고, 이 중에는 6년째 학부생이었던 이 단원의 두 번째 주인공 허준이 학생(당시 25세)도 있었다.

"주니 학생은 내 수업이 이해가 가는군요."
"아닙니다. 저는 교수님을 취재하고 싶었습니다."

과학 기자가 꿈이었던 허준이에게 히로나카는 사실상 제1호 고객이었다. 하지만 취재는 허준이에게 강한 학습 동기를 주었으며 둘은 국적과 나이 차를 넘어 밥 같이 먹는 절친이 되었다. 이때부터 허준이는 히로나카를 멘토 삼아, 기자가 아닌 수학자의 길로 들어선다.

• • •

1983년 허준이는 서울에서 태어난다. 강남 8학군의 상문고에 진학했지만, 자율학습 등 학교생활에 적응하지 못하고, 1학년 도중 시인을 하겠다고 자퇴한다. 하지만 시는 안 쓰고, 친구들과 PC방에 다니기도 하고, 방황하다가 마음을 잡고 검정고시를 준비하여, 서울대 물리천문학부에 입학한다. 하지만 또 방황이 길어지며 학부를 6년째 다니다가 마지막 학기에 운명처럼 히로나카 교수를 만나게 되어 수학자로 방향을 선회하게 된다. 이후, 서울대 수학과 대학원에 진학하여 본격적으로 수학 공부에 몰입하고 석사 과정을 마친다.

유학을 결심한 허준이는 히로나카의 추천으로 미국 대학 12군데에 박사과정 지원서를 내지만, 유일하게 일리노이대만 합격했고, 박사과정을 시작한다. 늦깎이 수학자의 성과는 대단했다. 허준이는 '리드 추측'을 증명하여 수학계의 라이징 스타가 되었으며 '로타 추측' 등 11개의 난제를 증명하여 세계적인 수학자로 등극한다.

수학계에는 한국계 수학자가 필즈메달을 딸 것이라는 소문이 파다했다. 2018년에 브라질에서 열린 ICM에서 허준이는 필즈메달 후보에 이름을 올렸으나, 페터 숄체[52] 등 쟁쟁한 수학자들에 밀려 수상에 실패한다.

4년 후

드디어 2022년, 필즈메달을 수상하는 ICM은 오일러와 힐베르트가 활동했던 수학의 도시 '상트페테르부르크'에서 열릴 예정이었으나, 러시아-우크라이나 전쟁의 여파로 핀란드의 헬싱키에서 열리게 되었으며, 같은 해 7월 5일! 허준이가 한국계 수학자 최초로 필즈메달을 수상한다.

수상 내용은 '**조합-대수기하학**'을 개척하고 난제를 해결한 공로였다. 약 400년 전, 데카르트가 대수와 기하를 합쳐버린 것처럼, 허준이가 조합과 대수기하학을 합쳐 새로운 분야를 탄생시킨 것이었

52 독일의 수학자로 퍼펙토이드를 창시했으며, 테런스 타오와 함께 21세기를 대표하는 천재 수학자로 꼽힌다.

다. 허준이는 스탠퍼드 교수직을 거쳐, 아인슈타인과 폰 노이만이 거쳐 간 프린스턴과 한국 고등과학원 교수로 활동 중이다.

히로나카 그리고 허준이

마치 평행이론처럼 두 사람의 나이 차는 52년, 필즈메달 수상 연도도 52년 차였다. 수상 당시 두 사람 모두 필즈메달의 나이 제한(40세)에 임박한 39세였으며, 한 번씩 탈락하여 필즈메달 재수(?)를 경험한 것도 공통점이다.

피아니스트와 시인을 꿈꾸며 늦깎이 수학자로 큰 성과를 낸 두 사람! 자리스키 없이, 히로나카는 없었을 것이며, 히로나카 없이 허준이는 없었을 것이다. 현재 90대 중반의 히로나카 교수님은 건강하게 활동 중이며, 언젠가 두 거장의 재회가 기다려진다.

이쯤에서 마치는 게 좋겠습니다.

히로나카 헤이스케는 베스트셀러 《학문의 즐거움》의 저자로도 유명하다. 이 책은 1982년에 일본에서 발간된 히로나카의 자서전 《学問の發見》의 한국어판으로 허준이 교수는 중학교 시절, 이 책으로 히로나카를 처음 접했다고 이야기한다.

일본이 존경하는 경영의 신 마쓰시타 고노스케(1894~1989)[53]는
가난했기에 돈을 악착같이 모았고
약골이었기에 열심히 운동했고
가방끈이 짧아 모든 이에게 배웠기에
성공할 수 있었다고 말한다.

히로나카 역시, 어려운 여건에서 '특이점 해소'라는 난제를 남보다 몇 곱절 노력해서 풀어냈다는 점에서 이 시대의 진짜 스승이다. 필자는 이 책을 수학사 공부로 이끌어 주신 민경찬[54] 교수님께 추천받아 읽고 깊은 감명을 받았다. 학문의 길에 들어서려는 분에게 권한다.

53 일본 파나소닉 설립자
54 연세대 수학과 명예교수, 18대 대한수학회 회장으로 2014년 한국 ICM 개최의 주역

"이쯤에서 마치는 게 좋겠습니다."

앤드루 와일즈가 분필을 놓는 이 명장면에 필자도 숟가락을 얹어 본다. 《세상 친절한 수학자 수업》을 통해 수학자들과 친해진 느낌이 든다면 대만족이다.

더 다양한 수학자들의 에피소드는 유튜브 채널 〈매스프레소〉에서 만나볼 수 있다.

유튜브 채널 〈매스프레소〉

MathPresso

피타고라스부터 허준이까지 물 흐르듯 이해되는

세상 친절한 수학자 수업

초판 1쇄 발행 2025년 3월 24일
초판 2쇄 발행 2025년 5월 26일

지은이 배티(배상면)
펴낸이 성의현
펴낸곳 미래의창

편집진행 김다울
본문 디자인 강혜민

출판 신고 2019년 10월 28일 제2019-000291호
주소 서울시 마포구 잔다리로 62-1 미래의창빌딩(서교동 376-15, 5층)
전화 070-8693-1719 **팩스** 0507-0301-1585
홈페이지 www.miraebook.co.kr
ISBN 979-11-93638-97-2 (03410)

※ 책값은 뒤표지에 표기되어 있습니다.